工伤预防科普丛书

机械加工工伤预防知识

“工伤预防科普丛书”编委会 编

中国劳动社会保障出版社

图书在版编目（CIP）数据

机械加工工伤预防知识 /“工伤预防科普丛书”编委会编 . -- 北京：中国劳动社会保障出版社，2021

（工伤预防科普丛书）

ISBN 978-7-5167-5108-4

Ⅰ. ①机…　Ⅱ. ①工…　Ⅲ. ①金属切削 - 工伤事故 - 事故预防 - 基本知识　Ⅳ. ① X928.4

中国版本图书馆 CIP 数据核字（2021）第 193374 号

中国劳动社会保障出版社出版发行

（北京市惠新东街 1 号　邮政编码：100029）

*

三河市华骏印务包装有限公司印刷装订　新华书店经销

880 毫米 × 1230 毫米　32 开本　5.75 印张　116 千字

2021 年 10 月第 1 版　2023 年 1 月第 2 次印刷

定价：25.00 元

营销中心电话：400-606-6496

出版社网址：http://www.class.com.cn

“工伤预防科普丛书”编委会

内容简介

机械加工行业在我国经济发展中具有重要地位，而机械加工行业职工在生产劳动过程中面临很多危险有害因素，尤其是在金属切削、热加工、冲压加工等生产工艺中，经常因职工操作失误或其他危险有害因素引发事故，进而导致工伤。工伤预防是工伤保险制度的重要组成部分，职工依法享有预防工伤事故伤害和职业病的基本权利，也需要依法履行预防工伤事故和职业病防治的基本义务。

本书紧扣安全生产、工伤保险、机械加工安全等法律、法规，详细介绍了机械加工行业职工在生产过程中应该了解的工伤预防与工伤保险基础知识。本书内容主要包括机械加工工伤保险和工伤预防基础知识、金属切削工伤预防知识、热加工工伤预防知识、冲压工艺工伤预防知识、电气和火灾爆炸事故工伤预防知识、机械加工职业健康知识和机械加工工伤现场急救知识等。

本书所选题目典型性、通用性强，文字表述浅显易懂，版式设计新颖活泼，漫画配图直观生动，可作为政府、相关行业管理部门和用人单位开展工伤预防宣传教育工作的参考用书，也可作为广大职工群众增强工伤预防意识、提高安全生产素质的普及性学习读物。

前　言

工伤预防是工伤保险制度体系的重要组成部分。做好工伤预防工作，开展工伤预防宣传和培训，有利于增强用人单位和职工的守法维权意识，从源头减少工伤事故和职业病的发生，保障职工生命安全和身体健康，减少经济损失，促进社会和谐稳定发展。

党和政府历来高度重视工伤预防工作。2009 年以来，全国共开展了三次工伤预防试点工作，为推动工伤预防工作奠定了坚实基础。2017 年，人力资源社会保障部等四部门印发《工伤预防费使用管理暂行办法》，对工伤预防费的使用和管理作出了具体的规定，使工伤预防工作进入了全面推进时期。2020 年，人力资源社会保障部等八部门联合印发《工伤预防五年行动计划（2021—2025 年）》（以下简称《五年行动计划》）。《五年行动计划》要求以习近平新时代中国特色社会主义思想为指导，全面贯彻党的十九大和十九届二中、三中、四中、五中全会精神，坚持以人民为中心的发展思想，完善“预防、康复、补偿”三位一体制度体系，把工伤预防作为工伤保险优先事项，通过推进工伤预防工作，提高工伤预防意识，改善工作场所的劳动条件，防范重特大事故的发生，切实降低工伤事故发生率，促进经济社会持续健康发展。

《五年行动计划》同时明确了九项工作任务，其中包括全面加强工伤预防宣传和深入推进工伤预防培训等内容。

结合目前工伤保险发展状况，立足全面加强工伤预防宣传和深入推进工伤预防培训，我们组织编写了“工伤预防科普丛书”。本套丛书目前包括《〈工伤保险条例〉理解与适用》《〈工伤预防五年行动计划（2021—2025年）〉解读》《农民工工伤预防知识》《工伤预防基础知识》《工伤预防职业病防治知识》《工伤预防个体防护知识》《工伤预防应急救护知识》《建筑施工工伤预防知识》《矿山工伤预防知识》《化工危险化学品工伤预防知识》《机械加工工伤预防知识》《尘毒高危企业工伤预防知识》《交通与运输工伤预防知识》《冶金工伤预防知识》《火灾爆炸工伤预防知识》《有限空间作业工伤预防知识》《物流快递人员工伤预防知识》《网约工工伤预防知识》《公务员和事业单位人员工伤预防知识》《工伤事故典型案例》等分册。本套丛书图文并茂、生动活泼，力求以简洁、通俗易懂的文字普及工伤预防最新政策和科学技术知识，不断提升各行业职工群众的工伤预防意识和自我保护意识。

本套丛书在编写过程中，参阅并部分采用了相关资料与著作，在此对有关著作者和专家表示感谢。由于种种原因，图书可能会存在不当或错误之处，敬请广大读者不吝赐教，以便及时改正。

“工伤预防科普丛书”编委会
2021年6月

目　录

第1章 机械加工工伤保险和工伤预防基础知识

1. 什么是工伤保险?

工伤保险是社会保险的一个重要组成部分，它通过社会统筹建立工伤保险基金，对保险范围内的职工在生产经营活动中或在规定的某些情况下遭受意外伤害、职业病以及因这两种情况造成职工死亡、暂时或永久丧失劳动能力时，职工或其近亲属能够从国家、社会得到必要的物质补偿，以保障职工或其近亲属的基本生活，以及为受工伤的职工提供必要的医疗救治和康复服务。工伤保险保障了工伤职工的合法权益，有利于妥善处理事故和恢复生产，维护正常的生产、生活秩序，维护社会安定。

工伤保险有四个基本特点：一是强制性。国家立法强制一定范围内的用人单位、职工必须参加。二是非营利性。工伤保险是国家对职工履行的社会责任，也是职工应该享受的基本权利。国家施行工伤保险，其目的是促进职工的安全健康，所提供的与工伤保险有关的服务，均不以营利为目的。三是保障性。保障职工在发生工伤事故后，对职工或其近亲属发放工伤保险待遇，保障其基本生活。四是互助互济性。通过强制征收保险费，建立工伤保险基金，由社会保险行政部门和经办机构在人员之间、地区之间、行业之间对费用实行再分配，调剂使用基金。

法律提示

2003 年 4 月 27 日，《工伤保险条例》以国务院令第 375 号公布，自 2004 年 1 月 1 日起施行。2010 年 12 月 20 日，

《国务院关于修改〈工伤保险条例〉的决定》以国务院令第586号公布，自2011年1月1日起施行。

现行《工伤保险条例》分八章六十七条，各章内容如下：第一章总则，第二章工伤保险基金，第三章工伤认定，第四章劳动能力鉴定，第五章工伤保险待遇，第六章监督管理，第七章法律责任，第八章附则。

2. 我国工伤保险制度的适用范围是什么？

《工伤保险条例》规定，中华人民共和国境内的企业、事业单位、社会团体、民办非企业单位、基金会、律师事务所、会计师事务所等组织和有雇工的个体工商户（以下称用人单位）应当依照本条例规定参加工伤保险，为本单位全部职工或者雇工（以下称职工）缴纳工伤保险费。中华人民共和国境内的企业、事业单位、社会团体、民办非企业单位、基金会、律师事务所、会计师事务所等组织的职工和个体工商户的雇工，均有依照本条例的规定享受工伤保险待遇的权利。

《工伤保险条例》所规定的“企业”，包括在中华人民共和国境内的所有形式的企业。按照所有制划分，有国有企业、集体企业、私营企业、外资企业；按照所在地域划分，有城镇企业、乡镇企业；按照企业的组织结构划分，有公司、合伙企业、个人独资企业、股份制企业等。

3. 工伤保险费是由职工个人缴纳吗？

工伤保险费是由企业或雇主按国家规定的费率缴纳的，职工个人不缴纳任何费用，这是工伤保险与基本养老保险、基本医疗保险等其他社会保险的不同之处。个人不缴纳工伤保险费，体现了工伤保险的严格雇主责任。

随着经济、社会的发展，世界各国已达成共识，认为职工在为企业创造财富、为社会做出贡献的同时，还冒着付出健康甚至生命的风险。因此，由企业缴纳保险费是完全必要和合理的。《工伤保险条例》规定，用人单位应当按时缴纳工伤保险费。职工个人不缴纳工伤保险费。用人单位缴纳工伤保险费的数额为本单位职工工资总额乘以单位缴费费率之积。对难以按照工资总额缴纳工伤保险费的行业，其缴纳工伤保险费的具体方式，由国务院社会保险行政部门规定。

4. 工伤保险待遇主要包括哪些?

《工伤保险条例》规定的工伤保险待遇主要包括:

（1）工伤医疗及康复待遇

工伤医疗及康复待遇包括工伤治疗及相关补助待遇、工伤康复待遇、辅助器具的安装配置待遇等。

（2）停工留薪期待遇

职工因工作遭受事故伤害或者患职业病需要暂停工作接受工伤医疗的，在停工留薪期内，原工资福利待遇不变，由所在单位按月支付。停工留薪期一般不超过 12 个月。伤情严重或者情况特殊，经设区的市级劳动能力鉴定委员会确认，可以适当延长，但延长不得超过 12 个月。生活不能自理的工伤职工在停工留薪期需要护理的，由所在单位负责。

（3）伤残待遇

根据工伤发生后劳动能力鉴定确定的劳动功能障碍程度和生活自理障碍程度的等级，工伤职工可享受相应的一次性伤残补助金、伤残津贴、一次性工伤医疗补助金、一次性伤残就业补助金及生活护理费等。

（4）工亡待遇

职工因工死亡，其近亲属按照规定从工伤保险基金领取丧葬补助金、供养亲属抚恤金和一次性工亡补助金。

5. 什么情形下会停止享受工伤保险待遇？

工伤职工有下列情形之一的，停止享受工伤保险待遇：

（1）丧失享受待遇条件的；

（2）拒不接受劳动能力鉴定的；

（3）拒绝治疗的。

6. 一般情况下遇到工伤应该怎么办？

如果在工作过程中遇到事故伤害，应当马上到签订服务协议的医疗机构就医，情况紧急时可以先到就近的医疗机构急救。同时，及时向统筹地社会保险行政部门申请工伤认定。如果长期在煤矿、采石场或有毒有害等场所工作，发现身体不适，一定要到当地医疗机构或职业病诊断机构进行诊断，确认为职业病后，再到社会保险行政部门申请工伤认定。工伤职工如果对社会保险行政部门作出的工伤认定结论不服（如不认定为工伤），可以在60

日内申请行政复议；对复议决定不服的，还可以在 15 日内向当地人民法院提起行政诉讼。

被认定为工伤后，应拿着《认定工伤决定书》到当地劳动能力鉴定委员会申请劳动能力鉴定。拿到《劳动能力鉴定确认书》之后，就可以向用人单位或工伤保险基金提出工伤保险待遇申请。

7. 什么情形可以认定为工伤或不能认定为工伤?

《工伤保险条例》对工伤的认定作出了明确规定。

（1）认定为工伤的情形

职工有下列情形之一的，应当认定为工伤：

1）在工作时间和工作场所内，因工作原因受到事故伤害的。

2）工作时间前后在工作场所内，从事与工作有关的预备性或者收尾性工作受到事故伤害的。

3）在工作时间和工作场所内，因履行工作职责受到暴力等意外伤害的。

4）患职业病的。

5）因工外出期间，由于工作原因受到伤害或者发生事故下落不明的。

6）在上下班途中，受到非本人主要责任的交通事故或者城市轨道交通、客运轮渡、火车事故伤害的。

7）法律、行政法规规定应当认定为工伤的其他情形。

（2）视同工伤的情形

职工有下列情形之一的，视同工伤：

1）在工作时间和工作岗位，突发疾病死亡或者在48小时之内经抢救无效死亡的。

2）在抢险救灾等维护国家利益、公共利益活动中受到伤害的。

3）职工原在军队服役，因战、因公负伤致残，已取得革命伤残军人证，到用人单位后旧伤复发的。

职工有上述第1）项、第2）项情形的，按照《工伤保险条例》有关规定享受工伤保险待遇；职工有上述第3）项情形的，按照《工伤保险条例》的有关规定享受除一次性伤残补助金以外的工伤保险待遇。

（3）不得认定为工伤的情形

职工符合前述规定，但是有下列情形之一的，不得认定为工伤或者视同工伤：

1）故意犯罪的。

2）醉酒或者吸毒的。

3）自残或者自杀的。

相关链接

田某在某市铸造厂从事铸造工作。一天，车间主任派他到该厂另外一车间拿工具。在返回工作岗位途中，田某被该厂建筑工地坠落的砖块砸伤头部，当即被送往医院救治，后被诊断为脑挫裂伤。出院后，田某向单位申请工伤保险待遇，但是单位认为他不是在本职岗位受伤，因此不能享受工伤保险待遇。田某遂向当地社会保险行政部门投诉，要求认定其为工伤。

当地社会保险行政部门经调查后认为：虽然田某致伤的地点不是本职岗位，但他是受领导（车间主任）指派离开本职岗位到另一车间拿工具，故其受伤地点应属于工作场所。这一事故具有一般工伤事故应具备的“三工”要素，即在工作时间、工作地点，因工作原因而受伤。因此，当地社会保险行政部门认定田某为工伤，并责成其所在单位按规定给予田某相关工伤保险待遇。

8. 申请工伤认定的主要流程有哪些？

（1）受事故伤害，或被诊断、鉴定为职业病，提出工伤认定

申请

职工所在单位应当自职工事故伤害发生之日或者职工被诊断、鉴定为职业病之日起30日内，向统筹地区社会保险行政部门提出工伤认定申请。

用人单位未按规定提出工伤认定申请的，工伤职工或者其近亲属、工会组织在事故伤害发生之日或者被诊断、鉴定为职业病之日起1年内，可以直接向用人单位所在地统筹地区社会保险行政部门提出工伤认定申请。

（2）备齐申请材料

1）工伤认定申请表。

2）与用人单位存在劳动关系（包括事实劳动关系）的证明材料。

3）医疗诊断证明或者职业病诊断证明书（或者职业病诊断鉴定书）。

其中，工伤认定申请表应当包括事故发生的时间、地点、原因以及职工伤害程度等基本情况。

（3）社会保险行政部门受理

申请材料完整，属于社会保险行政部门管辖范围且在受理时效内的，社会保险行政部门应当受理。申请材料不完整的，社会保险行政部门应当一次性书面告知工伤认定申请人需要补正的全部材料。

（4）作出工伤认定

社会保险行政部门应当自受理工伤认定申请之日起60日内作出工伤认定的决定，并书面通知申请工伤认定的职工或者其近亲属和该职工所在单位。

9. 申请工伤认定有时间限制吗?

《工伤保险条例》规定，职工发生事故伤害或者按照职业病防治法规定被诊断、鉴定为职业病，所在单位应当自事故伤害发生之日或者被诊断、鉴定为职业病之日起 30 日内，向统筹地区社会保险行政部门提出工伤认定申请。遇有特殊情况，经报社会保险行政部门同意，申请时限可以适当延长。

用人单位未按上述规定提出工伤认定申请的，工伤职工或者其近亲属、工会组织在事故伤害发生之日或者被诊断、鉴定为职业病之日起 1 年内，可以直接向用人单位所在地统筹地区社会保险行政部门提出工伤认定申请。

按照上述规定应当由省级社会保险行政部门进行工伤认定的事项，根据属地原则由用人单位所在地的设区的市级社会保险行政部门办理。

用人单位未在上述规定的时限内提交工伤认定申请，在此期间发生符合《工伤保险条例》规定的工伤待遇等有关费用由该用人单位负担。

10. 没有参加工伤保险的情况下发生工伤怎么办?

《工伤保险条例》规定，用人单位依照规定应当参加工伤保险而未参加的，由社会保险行政部门责令限期参加，补缴应当缴纳的工伤保险费，并自欠缴之日起，按日加收万分之五的滞纳金；逾期仍不缴纳的，处欠缴数额 1 倍以上 3 倍以下的罚款。

依照《工伤保险条例》规定应当参加工伤保险而未参加工伤保险的用人单位职工发生工伤的，由该用人单位按照本条例规定的工伤保险待遇项目和标准支付费用。

用人单位参加工伤保险并补缴应当缴纳的工伤保险费、滞纳金后，由工伤保险基金和用人单位依照《工伤保险条例》的规定支付新发生的费用。

11. 在承包经营情况下怎样保护职工的工伤保险权利?

《工伤保险条例》规定，用人单位实行承包经营的，工伤保险责任由职工劳动关系所在单位承担。承包者可以是企业内部职工（俗称内包），也可以是外部个人、经营集团或企业法人（俗称外包）。

在本企业内部职工承包的情况下，职工的劳动关系在本企业，工伤保险责任应由本企业来承担；在外部承包的情况下，职工的劳动关系有可能不在本企业而在中标的经营集团或企业法人，工伤保险责任就由中标的经营集团或企业法人承担。因而，在确定工伤保险责任时，明确劳动关系、明确用人单位是非常重要的。

12. 用人单位发生变动的，应当由谁承担工伤保险责任?

《工伤保险条例》规定，用人单位分立、合并、转让的，承继单位应当承担原用人单位的工伤保险责任；原用人单位已经参加工伤保险的，承继单位应当到当地经办机构办理工伤保险变更登记。

用人单位实行承包经营的，工伤保险责任由职工劳动关系所在单位承担。

职工被借调期间受到工伤事故伤害的，由原用人单位承担工伤保险责任，但原用人单位与借调单位可以约定补偿办法。

企业破产的，在破产清算时依法拨付应当由单位支付的工伤保险待遇费用。

13. 什么是劳动能力鉴定?

劳动能力鉴定是指劳动能力鉴定委员会组织劳动能力鉴定医学专家，根据国家制定的评残标准以及工伤保险的有关政策，运用医学科学技术的方法和手段，确定劳动者劳动功能障碍程度和生活自理障碍程度的一种综合评定制度。也就是说，通过劳动能力鉴定可确定劳动者伤残程度的级别。

14. 具备什么条件可以进行劳动能力鉴定?

《工伤保险条例》规定，工伤职工进行劳动能力鉴定应当同时具备以下条件：

（1）经过治疗后，伤情处于相对稳定状态。

（2）虽经治疗，但还是造成职工残疾。

（3）工伤职工存在的残疾达到了影响劳动能力的程度。

工伤职工同时具备上述三项条件的，应当进行劳动能力鉴定。

15. 申请劳动能力鉴定的主要流程有哪些？

（1）职工伤情相对稳定，申请劳动能力鉴定

职工发生工伤，经治疗伤情相对稳定后存在残疾、影响劳动能力的，应当提出劳动能力鉴定申请，由用人单位、工伤职工或者其近亲属向设区的市级劳动能力鉴定委员会提出，并要提供工伤认定决定和职工工伤医疗的有关资料等。通过劳动能力鉴定可确定工伤职工的劳动功能障碍程度和生活自理障碍程度。劳动功能障碍分为十个伤残等级，最重的为一级，最轻的为十级。生活自理障碍分为三个等级：生活完全不能自理、生活大部分不能自理和生活部分不能自理。

（2）接受申请，作出鉴定结论

设区的市级劳动能力鉴定委员会应当自收到劳动能力鉴定申请之日起 60 日内作出劳动能力鉴定结论，必要时，作出劳动能力鉴定结论的期限可以延长 30 日。劳动能力鉴定结论应当及时送达申请鉴定的单位和个人。

（3）存在异议，可向上级部门提出再次鉴定申请

申请劳动能力鉴定的单位或者个人对设区的市级劳动能力鉴定委员会作出的鉴定结论不服的，可以在收到该鉴定结论之日起 15 日内向省、自治区、直辖市劳动能力鉴定委员会提出再次鉴定申请。省、自治区、直辖市劳动能力鉴定委员会作出的劳动能力鉴定结论为最终结论。

（4）伤残情况发生变化，可申请劳动能力复查鉴定

自劳动能力鉴定结论作出之日起 1 年后，工伤职工或者其近亲属、所在单位或者经办机构认为伤残情况发生变化的，可以申请劳动能力复查鉴定。

16. 为什么要做好工伤预防?

工伤预防是指事先防范职业伤亡事故以及职业病的发生，减少职业伤亡事故及职业病隐患，改善和创造有利于健康、安全的生产环境和工作条件，保护职工在生产、工作环境中的安全和健康。工伤预防是建立健全工伤预防、工伤补偿和工伤康复“三位一体”工伤保险制度的重要内容，其措施主要包括工程技术措施、教育措施和管理措施。

职工在劳动保护和工伤保险方面的权利与义务是一致的。在劳动关系中，获得劳动保护是职工的基本权利，工伤保险又是其劳动保护权利的延续。职工有权获得保障其安全和健康的劳动条件，同时也有义务严格遵守安全操作规程，遵章守纪，预防职业伤害的发生。

在国际上，现代工伤保险制度已经把事故预防放在优先位置。《工伤保险条例》也把工伤预防定为工伤保险三大任务之一，从而逐步改变了过去重补偿、轻预防的做法。因此，那种“工伤有保险，出事有人赔，只管干活挣钱”的说法，显然是错误的。工伤赔偿是发生职业伤害后的救助措施，不能挽回失去的生命和复原残疾的身体。职工只有加强安全生产，才能保障自身的安全；只

有做好工伤预防，才能保障自身的健康。生命安全和身体健康才是职工的最大利益。用人单位和职工要永远共同坚持“安全第一、预防为主、综合治理”的方针。

17. 做好工伤预防，要注意杜绝哪些不安全行为？

一般来说，凡是能够或可能导致事故发生的人为错误均属于不安全行为。《企业职工伤亡事故分类》(GB/T 6441—1986)中规定的不安全行为主要包括：

（1）未经许可开动、关停、移动机器；开动、关停机器时未给信号；开关未锁紧，造成意外转动、通电或泄漏等；忘记关闭设备；忽视警告标志、警告信号；操作错误（指按钮、阀门、扳手、把柄等的操作）；奔跑作业；供料或送料速度过快；机械超速运转；违章驾驶机动车；酒后作业；客货混载；冲压机作业时，手伸进冲压模；工件紧固不牢；用压缩空气吹铁屑。

（2）安全装置被拆除、堵塞，或因调整错误造成安全装置失效。

（3）临时使用不牢固的设施或使用无安全装置的设备等。

（4）用手代替手动工具；用手清除切屑；不用夹具固定，用手拿工件进行机加工。

（5）成品、半成品、材料、工具、切屑和生产用品等存放不当。

（6）冒险进入危险场所（如涵洞等）。

（7）攀、坐不安全位置（如平台护栏、汽车挡板、吊车吊钩等）。

（8）在起吊物下作业、停留。

（9）机器运转时从事加油、修理、检查、调整、焊接、清扫等工作。

（10）有分散注意力的行为。

（11）在必须使用个人防护用品用具的作业或场合中，未按规定使用，如未戴安全帽、未穿安全鞋等。

（12）在有旋转零部件的设备旁作业时穿着过于肥大的服装，操纵带有旋转零部件的设备时戴手套等。

（13）对易燃、易爆等危险物品处理错误。

血的教训

一天，某矿生产一班给矿皮带工张某、和某两人打扫4号给矿皮带附近的场地，清理积矿。当张某清扫完非人行道上的积矿后，准备到人行道上帮助和某清扫。当时，张某拿着17米长的铁铲，为图方便抄近路，他违章从4号给矿皮带与5号给矿皮带之间穿越（当时，4号给矿皮带正以每秒2米的速度运行，5号给矿皮带已停运）。张某手里拿的铁铲触及运行中的4号给矿皮带的增紧轮，铁铲和人一起被卷到了皮带增紧轮上，铁铲的木柄被折成两段弹了出去，张某的头部顶在增紧轮外的支架上。在高速运转的皮带挤压下，张某头骨破裂，当场死亡。

这起事故的直接原因是张某安全意识淡薄，自我保护意识极差，严重违反了给矿皮带工安全操作规程中关于“严禁穿越皮带”的规定。据事后调查，张某曾多次违章穿越皮带，属习惯性违章。正是他的违章行为，导致了这次伤亡事故的发生。

这起事故给人们的教训是，用人单位应设置有效的安全防护设施，提高设备的本质安全水平。同时，对职工要加强教育，增强其安全意识，杜绝不安全行为。

18. 做好工伤预防，要注意避免出现哪些不安全心理？

导致职工发生工伤事故最常见的不安全心理状态主要有以下几种：

（1）自我表现心理——“虽然我进厂时间短，但我年轻、聪明，干这活儿不在话下……”。

（2）经验心理——“多少年一直是这样干的，干了多少遍了，能有什么问题……”。

（3）侥幸心理——“完全照操作规程做太麻烦了，变通一下也不一定会出事吧……”。

（4）从众心理——“他们都没戴安全帽，我也不戴了……”。

（5）逆反心理——“凭什么听班长的呀，今儿我就这么干，我就不信会出事……”。

（6）反常心理——“早上孩子肚子疼，他自己去了医院，也不知道是什么病，真担心……”。

血的教训

某日，某机械厂切割机操作工王某，在巡视纵向切割机时发现刀锯与板坯摩擦，有冒烟和燃烧迹象，如不及时处理有可能引起火灾。王某当即停掉风机和切割机去排除故障，但没有关闭皮带机电源，皮带机仍然处于运转中。当王某伸手去掏燃着的纤维板屑时，袖口连同右臂突然被皮带机齿轮绞住，直到工友听到王某的呼救声才关闭了皮带机电源。此次事故造成王某右臂伤残。这起事故的发生与王某存在侥幸麻痹心理有直接的关系。王某以前多次不关闭皮带机电源就去排除故障，侥幸未造成事故，由此就麻痹大意，逐渐形成习惯性违章并最终导致事故发生。

19. 职工工伤保险和工伤预防的权利主要有哪些?

职工工伤保险和工伤预防的权利主要体现在以下几个方面：

（1）有权获得劳动安全卫生的教育和培训，了解所从事的工作可能对身体健康造成的危害和可能发生的不安全事故。

（2）有权获得保障自身安全、健康的劳动条件和劳动防护用品。

（3）有权对用人单位管理人员违章指挥、强令冒险作业予以拒绝。

（4）有权对危害生命安全和身体健康的行为提出批评、检举和控告。

（5）从事职业危害作业的职工有权获得定期健康检查。

（6）发生工伤时，有权得到抢救治疗。

（7）发生工伤后，职工或其近亲属有权向当地社会保险行政部门申请工伤认定和享受工伤保险待遇，申请要经用人单位签字，如用人单位不签字，可以直接报送。

（8）工伤职工有权按时足额享受有关工伤保险待遇。

（9）职工工伤致残，有权要求进行劳动能力鉴定及定期复查；

对鉴定结论不服的，有权要求进行再次鉴定；认为伤残情况发生变化的，有权要求进行复查鉴定。

（10）因工致残尚有工作能力的职工，在就业方面应得到特殊保护。在合同期内，用人单位对因工致残的职工不得解除劳动合同，并应根据不同情况安排适当工作。在建立和发展工伤康复事业的情况下，工伤职工应当得到职业康复训练和再就业帮助。

（11）工伤职工及其近亲属申请工伤认定和享受工伤保险待遇时与用人单位发生争议的，有权向当地劳动争议仲裁委员会申请仲裁，直至向人民法院提起诉讼；对社会保险行政部门作出的工伤认定和待遇支付决定不服的，有权申请行政复议或提起行政诉讼。

20. 职工工伤保险和工伤预防的义务主要有哪些？

权利与义务是对等的，享有权利的同时要履行相应的义务。

职工在工伤保险和工伤预防方面的义务主要包括：

（1）职工有义务遵守劳动纪律和用人单位的规章制度，做好本职工作和被临时指定的工作，服从本单位负责人的工作安排和指挥。

（2）职工在劳动过程中必须严格遵守安全操作规程，正确使用劳动防护用品，接受劳动安全卫生教育和培训，配合用人单位积极预防事故和职业病。

（3）职工或其近亲属报告工伤和申请工伤保险待遇时，有义务如实反映发生事故和职业病的有关情况及工资收入、家庭情况；当有关部门调查取证时，应当予以配合。

（4）除紧急情况外，发生工伤的职工应当到工伤保险签订服务协议的医疗机构进行治疗，对于治疗、康复、评残要接受有关机构的安排，并予以配合。

（5）工伤职工经过劳动能力鉴定确认完全恢复或者部分恢复劳动能力可以工作的，应当服从用人单位的工作安排。

21. 为什么要安全生产？

安全生产是党和国家在生产建设中一贯坚持的指导思想和重要方针，是全面落实习近平新时代中国特色社会主义思想，构建社会主义和谐社会的必然要求。

安全生产的根本目的是保障职工在生产过程中的安全和健康。安全生产是安全与生产的统一，安全促进生产，生产必须安全，没有安全就无法正常进行生产。搞好安全生产工作，改善劳动条件，减少职工伤亡与财产损失，不仅可以提高企业效益，促进企业健康发展，还可以促进社会和谐，保障经济建设安全进行。

《中华人民共和国安全生产法》(以下简称《安全生产法》) 是我国安全生产的专门法律、基本法律，是我国职业安全卫生法律体系的核心，自 2002 年 11 月 1 日起施行。《安全生产法》明确规定，安全生产应当以人为本，坚持人民至上、生命至上，把保护人民生命安全摆在首位，树牢安全发展理念，坚持“安全第一、预防为主、综合治理”的方针；强化和落实生产经营单位的安全生产主体责任与政府监管责任，建立生产经营单位负责、职工参与、政府监管、行业自律和社会监督的安全生产工作机制。这是党和国家对安全生产工作的总体要求，企业和从业人员在劳动生产过程中必须严格遵循这一要求。

“安全第一”说明和强调了安全的重要性。人的生命是至高无上的，每个人的生命只有一次，要珍惜生命、爱护生命、保护生命。事故意味着对生命的摧残与毁灭，因此，在生产活动中，应把保护人民生命安全摆在首位，坚持最优先考虑人的生命安全。“预防为主”是指安全工作的重点应放在预防事故的发生上，按照系统工程理论，根据事故发展的规律和特点，预防事故发生。安全工作应当做在生产活动之前，事先就充分考虑事故发生的可能性，并自始至终采取有效措施以防止和减少事故。“综合治理”是指要自觉遵循安全生产规律，抓住安全生产工作中的主要矛盾和关键环节。要标本兼治，重在治本，采取各种管理手段预防事故发生，实现治标的同时，研究治本的方法。综合运用科技、经济、法律、行政等手段，并充分发挥社会、职工、舆论的监督作用，从各个方面着手解决影响安全生产的深层次问题，做到思想上、制度上、技术上、监督检查上、事故处理上和应急救援上的综合管理。

法律提示

《中华人民共和国宪法》第四十二条规定，中华人民共和国公民有劳动的权利和义务。国家通过各种途径，创造劳动就业条件，加强劳动保护，改善劳动条件，并在发展生产的基础上，提高劳动报酬和福利待遇。

22. 什么是安全生产的知情权和建议权?

在生产劳动过程中，往往存在着一些危害职工人身安全和健康的因素。职工有权了解其作业场所和工作岗位与安全生产有关的情况：一是存在的危险因素，二是防范措施，三是事故应急措施。职工对于安全生产的知情权，是保护其生命健康权的重要前提。如果职工知道并且掌握有关安全生产的知识和处理办法，就可以消除许多不安全因素和事故隐患，避免或者减少事故的发生。

同时，职工对本单位的安全生产工作有建议权。安全生产工作涉及职工的生命安全和身体健康，至关重要。因此，要充分调动职工关心安全生产的积极性与主动性，鼓励职工针对生产中存在的各种安全隐患和有害健康的因素提出自己的改进意见和建议，为本单位的安全生产工作献计献策。职工对安全生产的建议权是职工行使参与用人单位民主管理权利的重要方面。

23. 什么是安全生产的批评、检举、控告权?

这里讲的批评权，是指职工对本单位安全生产工作中存在的问题提出批评的权利。这一权利规定有利于职工对生产经营单位进行群众监督，促使生产经营单位不断改进本单位的安全生产工作。

这里讲的检举权、控告权，是指职工对本单位及有关人员违反安全生产法律法规的行为，有向主管部门和司法机关进行检举和控告的权利。检举可以署名，也可以不署名；可以用书面形式，也可以用口头形式。但是，职工在行使权利时，应注意检举和控告的情况必须真实，要实事求是。此外，法律明令禁止对检举和控告者进行打击报复。

24. 女职工依法享有哪些特殊劳动保护权利?

女职工的身体结构和生理特点决定其应受到特殊劳动保护。女职工的体力一般比男职工差，特别是女职工在“五期”(经期、孕期、产期、哺乳期、围绝经期)有特殊的生理变化，所以女职工对工业生产过程中的有毒有害因素一般比男职工更敏感。另外，高噪声环境、剧烈振动、放射性物质等都会对女性生殖机能和身体产生有害影响。因此，要做好和加强女职工的特殊劳动保护工作，避免和减少生产劳动过程给女职工带来的危害。

《女职工劳动保护特别规定》(国务院令第 619 号)于 2012 年 4 月 28 日起施行。该规定对女职工的特殊劳动保护作出以下要求:

(1)用人单位应当加强女职工劳动保护，采取措施改善女职工劳动安全卫生条件，对女职工进行劳动安全卫生知识培训。

（2）用人单位应当遵守女职工禁忌从事的劳动范围的规定。用人单位应当将本单位属于女职工禁忌从事的劳动范围的岗位书面告知女职工。

（3）用人单位不得因女职工怀孕、生育、哺乳降低其工资、予以辞退、与其解除劳动或者聘用合同。

（4）女职工在孕期不能适应原劳动的，用人单位应当根据医疗机构的证明，予以减轻劳动量或者安排其他能够适应的劳动。对怀孕 7 个月以上的女职工，用人单位不得延长劳动时间或者安排夜班劳动，并应当在劳动时间内安排一定的休息时间。怀孕女职工在劳动时间内进行产前检查，所需时间计入劳动时间。

（5）女职工生育享受 98 天产假，其中产前可以休假 15 天；难产的，增加产假 15 天；生育多胞胎的，每多生育 1 个婴儿，增加产假 15 天。女职工怀孕未满 4 个月流产的，享受 15 天产假；怀孕满 4 个月流产的，享受 42 天产假。

（6）女职工产假期间的生育津贴，对已经参加生育保险的，按照用人单位上年度职工月平均工资的标准由生育保险基金支付；对未参加生育保险的，按照女职工产假前工资的标准由用人单位支付。女职工生育或者流产的医疗费用，按照生育保险规定的项目和标准，对已经参加生育保险的，由生育保险基金支付；对未参加生育保险的，由用人单位支付。

（7）对哺乳未满 1 周岁婴儿的女职工，用人单位不得延长劳动时间或者安排夜班劳动。用人单位应当在每天的劳动时间内为哺乳期女职工安排 1 小时哺乳时间；女职工生育多胞胎的，每多哺乳 1 个婴儿每天增加 1 小时哺乳时间。

（8）女职工比较多的用人单位应当根据女职工的需要，建立女职工卫生室、孕妇休息室、哺乳室等设施，妥善解决女职工在生理卫生、哺乳方面的困难。

（9）在劳动场所，用人单位应当预防和制止对女职工的性骚扰。

（10）用人单位违反有关规定，侵害女职工合法权益的，女职工可以依法投诉、举报、申诉，依法向劳动人事争议调解仲裁机构申请调解仲裁，对仲裁裁决不服的，可以依法向人民法院提起诉讼。

法律提示

（1）女职工禁忌从事的劳动范围

1）矿山井下作业。

2）体力劳动强度分级标准中规定的第四级体力劳动强度的作业。

3）每小时负重 6 次以上、每次负重超过 20 千克的作业，或者间断负重、每次负重超过 25 千克的作业。

（2）女职工在经期禁忌从事的劳动范围

1）冷水作业分级标准中规定的第二级、第三级、第四级冷水作业。

2）低温作业分级标准中规定的第二级、第三级、第四级低温作业。

3）体力劳动强度分级标准中规定的第三级、第四级体力劳动强度的作业。

4）高处作业分级标准中规定的第三级、第四级高处作业。

（3）女职工在孕期禁忌从事的劳动范围

1）作业场所空气中铅及其化合物、汞及其化合物、苯、镉、铍、砷、氰化物、氮氧化物、一氧化碳、二硫化碳、氯、己内酰胺、氯丁二烯、氯乙烯、环氧乙烷、苯胺、甲醛等有毒物质浓度超过国家职业卫生标准的作业。

2）从事抗癌药物、己烯雌酚生产，接触麻醉剂气体等的作业。

3）非密封源放射性物质的操作，核事故与放射事故的应急处置。

4）高处作业分级标准中规定的高处作业。

5）冷水作业分级标准中规定的冷水作业。

6）低温作业分级标准中规定的低温作业。

7）高温作业分级标准中规定的第三级、第四级的作业。

8）噪声作业分级标准中规定的第三级、第四级的作业。

9）体力劳动强度分级标准中规定的第三级、第四级体力劳动强度的作业。

10）在密闭空间、高压室作业或者潜水作业，伴有强烈振动的作业，或者需要频繁弯腰、攀高、下蹲的作业。

（4）女职工在哺乳期禁忌从事的劳动范围

1）孕期禁忌从事的劳动范围的第 1）项、第 3）项、第 9）项。

2）作业场所空气中锰、氟、溴、甲醇、有机磷化合物、有机氯化合物等有毒物质浓度超过国家职业卫生标准的作业。

25. 为什么未成年工享有特殊劳动保护权利?

未成年工依法享有特殊劳动保护的权利。这是针对未成年工处于生长发育期的特点所采取的特殊劳动保护措施。

未成年工处于生长发育期，身体机能尚未健全，也缺乏生产知识和生产技能，过重及过度紧张的劳动、不良的工作环境、不适的劳动工种或劳动岗位，都会对他们产生不利影响，如果劳动过程中不进行特殊保护就会损害他们的身体健康。

例如，未成年女工长期从事负重作业和立位作业，可影响骨盆正常发育，将影响其今后的生育，会使难产发病率增高；未成年工对生产性毒物敏感性较高，长期从事有毒有害作业易引起职业中毒，影响其生长发育。

法律提示

《中华人民共和国劳动法》(以下简称《劳动法》)第五十八条第二款规定，未成年工是指年满十六周岁未满十八周岁的劳动者。

第六十四条规定，不得安排未成年工从事矿山井下、有毒有害、国家规定的第四级体力劳动强度的劳动和其他禁忌从事的劳动。

第六十五条规定，用人单位应当对未成年工定期进行健康检查。

关于未成年工其他特殊劳动保护政策和未成年工禁忌从事的劳动范围的规定，可查阅《中华人民共和国未成年人保护法》《未成年工特殊保护规定》(劳部发〔1994〕498号)等。

26. 签订劳动合同时应注意哪些事项?

职工在上岗前应和用人单位依法签订劳动合同，建立明确的劳动关系，确定双方的权利和义务。关于劳动保护和安全生产，在签订劳动合同时应注意两方面的问题：一是在合同中要载明保障职工劳动安全、防止职业危害的事项，二是在合同中要载明依法为职工办理工伤保险的事项。

遇到以下合同不要签：

（1）“生死合同”。在危险性较高的行业，有的用人单位往往在合同中写上一些逃避责任的条款，如“发生伤亡事故，单位概不负责”等。

（2）“暗箱合同”。这类合同隐瞒工作过程中的职业危害，或者采取欺骗手段剥夺职工的合法权利。

（3）“霸王合同”。有的用人单位与职工签订劳动合同时，只强调自身的利益，无视职工依法享有的权益，不允许职工提出意见，甚至规定“本合同条款由用人单位解释”等。

（4）“卖身合同”。这类合同要求职工无条件听从用人单位安排，用人单位可以任意安排加班加点、强迫劳动，使职工完全失去人身自由。

（5）“双面合同”。有的用人单位在与职工签订合同时准备了两份合同，一份合同用来应付有关部门的检查，一份用来约束职工。

法律提示

《安全生产法》规定，生产经营单位与从业人员订立的劳动合同，应当载明有关保障从业人员劳动安全、防止职业危害的事项，以及依法为从业人员办理工伤保险的事项。生产经营单位不得以任何形式与从业人员订立协议，免除或者减轻其对从业人员因生产安全事故伤亡依法应承担的责任。

27. 在生产作业中，职工为何必须遵章守制与服从管理？

安全生产规章制度、安全操作规程是生产经营单位管理规章制度的重要组成部分。

根据《安全生产法》及其他有关法律、法规和规章的规定，生产经营单位必须制定本单位安全生产的规章制度和操作规程，职工必须严格依照这些规章制度和操作规程进行生产经营作业。单位的负责人和管理人员有权依照规章制度和操作规程进行安全管理，监督检查职工遵章守制的情况。依照法律规定，生产经营单位的职工不服从管理，违反安全生产规章制度和操作规程的，由生产经营单位给予批评教育，依照有关规章制度给予处分；造成重大事故，构成犯罪的，依照刑法有关规定追究其刑事责任。

28. 为什么职工必须按规定佩戴和使用劳动防护用品？

职工在劳动生产过程中应履行按规定佩戴和使用劳动防护用品的义务。

按照法律法规的规定，为保障人身安全，用人单位必须为职工提供必要的、安全的劳动防护用品，以避免或者减轻作业中的人身伤害。但在实践中，一些职工缺乏安全意识和安全知识，心存侥幸或嫌麻烦，往往不按规定佩戴和使用劳动防护用品，由此引发的人身伤害事故时有发生。另外，有的职工由于不会或者没有正确使用劳动防护用品，同样也难以避免受到人身伤害。因此，正确佩戴和使用劳动防护用品是职工必须履行的法定义务，这是保障职工人身安全和生产经营单位安全生产的需要。

血的教训

某日下午，某水泥厂包装工在进行倒料作业。包装工王某因脚穿拖鞋，行动不便，重心不稳，左脚踩进螺旋输送机上部 10 厘米宽的缝隙内，正在运行的机器将其脚和腿绞了进去。王某大声呼救，其他人员见状立即停车并反转盘车，才将王某的脚和腿退出。尽管王某被迅速送到医院救治，但仍造成左腿高位截肢。

造成这起事故的直接原因是王某未按规定穿工作鞋，而是穿着拖鞋，在凹凸不平的机器上行走，失足踩进机器缝隙。这起事故说明，上班时间职工必须按规定佩戴和使用劳动防护用品，绝不允许穿着拖鞋上岗操作。一旦发现这类违章行为，班组长以及其他职工应该及时纠正。

29. 为什么职工应当接受安全教育和培训？

不同企业、不同工作岗位和不同的生产设施设备具有不同的安全技术特性和要求。随着高新技术装备的大量使用，企业对职工的安全素质要求越来越高。职工安全意识和安全技能的高低，直接关系企业生产活动的安全可靠性。职工需要具有系统的安全知识、熟练的安全生产技能，以及对不安全因素和事故隐患、突发事故的预防、处理能力和经验。要适应企业生产活动的需要，职工必须接受专门的安全生产教育和业务培训，不断提高自身的安全生产技术知识和能力。

30. 发现事故隐患应该怎么办？

职工往往属于事故隐患和不安全因素的第一当事人。许多生产安全事故正是由于职工在作业现场发现事故隐患和不安全因素后，没有及时报告，以致延误了采取措施进行紧急处理的时机，最终酿成惨剧。相反，如果职工尽职尽责，及时发现并报告事故隐患和不安全因素，使之得到及时、有效的处理，就可以避免事故发生和降低事故损失。所以，发现事故隐患并及时报告是贯彻“安全第一、预防为主、综合治理”方针，加强事前防范的重要措施。

31. 机械加工一般包括哪些加工工艺？

（1）切削加工

切削加工是利用切削工具从工件上切除多余材料的加工方法，

属于一种冷加工工艺。它是将金属毛坯加工成具有一定形状、尺寸和表面质量的零件的主要加工方法，尤其是在加工精密零件时，主要依靠切削加工来达到所需的加工精度和表面质量的要求。目前，金属切削机床是加工机械零件的主要设备。由于切削对象是坚硬的金属，因此刀具一般比较锋利，旋转速度快，这是金属切削加工的主要特点。

（2）压力加工

压力加工是机械制造的基础工艺之一，在工业生产中占有重要地位。压力加工工艺也称锻压工艺，即利用压力机和模具，使金属及其他材料在局部或整体上产生永久变形。压力加工涉及范围很广，包括弯曲、胀形、拉伸等成型加工，挤压、穿孔、锻造等体积成型加工，冲裁、剪切等分离加工，以及成型结合、锻造和压接等组合加工等。它是一种少切削或无切削的加工工艺，由于加工效率高、质量好、成本低，压力加工被广泛应用于汽车、电气和航天航空等行业。

（3）热处理

热处理工艺主要是使金属零件在不改变外形的条件下，改变金属的性质（硬度、韧性、弹性、导电性等），达到工艺上所要求的性能，从而提高产品质量。

（4）锻造

锻造是一种利用锻压机械对金属坯料施加压力，使其产生塑性变形以获得具有一定机械性能、一定形状和尺寸锻件的加工方法。锻造能消除金属在冶炼过程中产生的铸态疏松等缺陷，优化微观组织结构，同时由于保存了完整的金属流线，锻件的机械性能一般优于同样材料的铸件。

（5）铸造

铸造是将熔融金属浇注、压射或吸入铸型型腔中，待其凝固后而得到一定形状和性能铸件的方法。常用的铸造方法包括砂型铸造、熔模铸造、壳型铸造、金属型铸造、压力铸造等。铸造生产是机械制造工业的重要组成部分，在机械制造工业所用的零件毛坯中，约 70% 是铸件。

（6）焊接

焊接是通过加热或加压（或者两者并用），采用或不用填充材料，使焊接接头处达到原子结合的一种加工方法。为了达到焊接的目的，大多数焊接方法都需要借助加热或加压，或同时实施加热和加压，以实现原子结合。焊接中最常用的热源是焊接电弧，常用的焊接方法包括焊条电弧焊、惰性气体保护焊、二氧化碳气体保护焊、埋弧自动焊和等离子弧焊接与切割等。

32. 机械加工过程中哪些危险因素可能导致人员伤害?

（1）机械危险

机械危险是指由于设备零件、工具、工件或飞溅的固体、流体物质的机械作用可能产生的伤害的总称。这类危险主要与设备、设备零部件或其表面、工具、工件、载荷、飞射的固体或流体物料有关。机械危险的基本形式包括挤压、剪切、切割或切断、缠绕、吸入或卷入、冲击、刺伤或刺穿、摩擦或磨损、高压流体喷射等。

（2）电气危险

电气危险是机械加工过程中的常见危险因素，这类危险是由可以造成伤害或死亡的电击或灼伤引起的。

（3）热危险

机械加工过程的热危险包括：由于与超高温的物体或材料、火焰或爆炸物及热源辐射接触造成的烧伤、烫伤；炎热的工作环境对健康的危害等。

（4）材料和物质的危险

设备加工、使用、产生或排出的各种材料和物质及用于构成设备的各种材料可能产生以下几种危险：

1）由摄入、皮肤接触、经眼睛和黏膜吸入，有害、有毒、有腐蚀性、致畸、致癌、诱变、刺激或过敏的液体、气体、雾气、烟雾、粉尘或悬浮物所导致的危险。

2）火灾与爆炸危险。

3）生物（如霉菌）和微生物（病毒或细菌）危险。

（5）与设备使用环境有关的危险

与设备使用环境有关的危险主要由如温度、风、雪、雷击等危险因素引起，因此，若设备所处环境存在这些危险因素，则应考虑消除这些危险。

另外，忽视地板的表面情况和进入方法可能导致因滑倒、绊倒或跌落而造成的人身伤害。这也是一种与设备使用环境有关的危险。

（6）忽视人机工程学原则的危险

设备与人的特征和能力不协调，可能对人产生生理影响（例如，由于不健康的姿势、过度或重复用力等所导致的危险），或心理—生理影响（例如，在设备的预定使用限制内对其进行操作、监视或维护，造成操作人员心理负担过重或准备不足、压力等所导致的危险）。

（7）噪声和振动危险

铸造工艺中，在造型和使用捣固机、清砂过程中使用风动工具时，极易产生噪声和振动。除此之外，在锻造和使用滚筒、砂轮、压缩机等机械加工设备时均会产生强烈的噪声和振动。

（8）生产性粉尘危险

铸造加工中，清砂时或在生产中使用的粉末状物质在混合、过筛、包装、搬运等操作过程中都会产生大量粉尘，由于振动或气流的影响又可能造成二次扬尘。此外，固态物质的机械加工或粉碎以及焊接作业中，都会产生粉尘。

（9）辐射危险

机械加工过程中存在着电离辐射和非电离辐射两类辐射危险，如高频加热装置中产生的高频电磁波或激光加工设备中产生的强激光等。

血的教训

某工厂机械加工车间三级车工张某，在C620型车床上加工零部件。当时磁铁座千分表放在车床外导轨上，他用每分钟185转的车速加工好零部件后，没有停车，右手就从转动的零部件上方伸过去拿千分表。由于张某衣服下面两个衣扣未扣上，衣襟散开，他靠近零部件后，衣服被零部件的凸出部分钩住。一瞬间，张某的衣服和右手同时被绞入零部件和轨道之间，最终导致张某头部严重受伤，送往医院后经抢救无效死亡。

33. 机械加工过程中常见的工伤事故有哪些？

我国《企业职工伤亡事故分类》（GB/T 6441—1986）综合考虑起因物和诱导性原因、致害物和伤害方式，将伤害事故分为20类，其中与机械方面相关的伤害事故统称为机械伤害事故。机械伤害事故一般包括以下几种。

（1）机械设备零部件做旋转运动时造成的伤害事故

机械设备中零部件最广泛的运动形式是旋转运动，旋转的零部件具有动能，动能大小主要取决于其质量和旋转速度。一般来说，机械设备中做旋转运动的零部件所具有的动能如果与人接触，足以导致伤害甚至造成人员死亡。旋转运动造成伤害事故的主要形式是绞伤或物体打击。

绞伤的主要形式包括以下两种：

1）直接绞伤手部。例如，外露的齿轮、皮带轮等直接将手指，甚至整个手掌绞伤或绞掉。

2）将操作者的衣袖、裤腿或手套、围裙等穿戴的个人防护用品等绞入，或者将女性职工的长头发绞入。由于绞入后几乎不可能挣脱，在没有及时断电停机的情况下，这类事故轻则导致绞伤，重则致人死亡。

旋转的零部件造成的物体打击也包括两种：

1）由于零部件本身强度不够或者固定不牢固，从而在旋转运动时甩出，将人击伤。

2）在可以旋转的零部件上摆放未经固定的物品，由于零部件突然开始旋转，物品被甩出而伤人。

（2）机械设备零部件做直线运动时造成的伤害事故

做直线运动的零部件与做旋转运动的零部件一样，也是具有动能的，除此之外，在一定条件下还具有势能。例如，行车的升降机构，当其做直线运动提升时，吊钩及其所吊的重物就具有势能。由直线运动造成的伤害主要有压伤、砸伤和挤伤。

（3）刀具造成的伤害事故

车床上的车刀、铣床上的铣刀、磨床上的砂轮、锯床上的锯条等都是用来加工零件的刀具，都可能造成伤害。尤其需要注意的是，刀具产生的切屑往往也会造成较为严重的伤害，其主要形式有：

1）烫伤。刚切下的切屑具有很高的温度，可达600~700 ℃，如果接触到手、脚以及脸部的皮肤，就会造成烫伤；如果接触到眼睛，严重时可能造成失明。

2）刺伤、割伤。各种金属切屑都有锋利的边缘，会使接触到的皮肤产生割伤或划伤。最严重的是切屑飞入眼睛内，可能造成失明。

（4）被加工零件造成的伤害事故

机械设备在加工零件的过程中有可能对人身造成伤害。这类伤害事故主要有：

1）被加工零件固定不牢而被甩出伤人。如车床卡盘夹持工件不牢，在旋转时工件被甩出伤人的现象常有发生。

2）被加工零件在吊运和装卸过程中可能造成砸伤。特别是笨重的大零件，当其吊不牢、放不稳时，就可能发生倾斜或者坠落，造成人员砸伤、压伤。

（5）手用工具造成的伤害事故

在机械设备上操作时，有时需要使用某些手用工具，如手锤、锉刀、手锯等。使用这些手用工具造成的伤害主要有以下几种情况：

1）手锤的锤头有卷边或毛刺，当手锤敲打时，卷边或毛刺就可能被击落飞出伤人。此外，若手锤的手柄没有安装牢固，也可能造成锤头飞出伤人事故。

2）使用没有木柄的锉刀可能会刺伤手心、手腕，因此锉刀必须安装木柄并装牢后使用。锉削时不可用嘴吹锉面，防止锉屑进入眼睛。

3）如果手锯的锯条安装过紧或过松，或是使用时用力过猛，可能造成锯条折断伤人。锯割快结束时，应该用手扶住被割下的部分，特别是长件或重件，以免被锯下的部分掉下来砸伤人。

（6）电气系统造成的伤害事故

机械加工时所使用的机械设备往往具备自身的电气系统，因而电气伤害事故也是机械加工过程中较为常见的伤害事故类型。电气系统对人的伤害形式主要是电击。可能发生电击事故的情况主要有以下几种：

1）电气系统出现故障，操作者擅自修理导致触电。

2）由于电气部件绝缘损坏或绝缘效果不好，导致机械设备外壳带电，而防护性接地或接零装置由于未接牢或断裂等原因失去作用，导致操作者触电。

3）使用开关、按钮、馈电导线等，由于没有防护装置遮盖或防护装置损坏等原因，造成某些元件带电裸露在外，从而导致操作者触电。

4）局部照明未按规定采用 36 伏电源，而是使用 220 伏电源，从而导致严重的电击伤害事故。

5）未按规定规范安装临时线，导致人员触电。

（7）其他伤害事故

一些机械设备在使用时可能伴随有强光、高温，或是释放辐射能、化学能以及尘毒危害物质等，这些都可能造成人员伤害事故。

34. 机械加工工伤事故发生的原因有哪些?

机械加工工伤事故的发生往往是多种因素综合作用的结果。尽管机械加工过程中需要使用危险性较大的金属切削车床、冲压机械等，但机械在使用时是由人操作、维护和管理的，因此大部分机械加工事故的根本原因都可以追溯到人。造成机械加工工伤事故的原因可分为直接原因和间接原因。

（1）直接原因

1）人的不安全行为。人的行为受到生理、心理等各种因素的影响，其中，缺乏安全意识或安全技能差是引发事故的主要原因，包括不了解所使用机械存在的危险、不按安全规程操作、缺乏自我保护和处理意外情况的能力等。其他常见的不安全行为还包括指挥失误或违章指挥、操作失误或违章作业以及监护失误等。此外，不安全的工作习惯也是人的不安全行为的重要表现，包括加工工具随手乱放、测量工件时不停机、站在工作台上装卡工件、越过运转刀具取送物料、攀越大型设备不走安全通道等。

2）机械设备的不安全状态。具体表现为：

①无防护或防护不当；

②设备、设施、工具、附件有缺陷，包括设计不当、结构不符合安全要求、强度不够、设备在非正常状态下运行、维修或调整不良等；

③个人防护用品缺失或存在缺陷；

④生产场地环境不良，包括照明光线不良、通风条件不良、地面湿滑、作业场所狭窄、作业场地杂乱等；

⑤操作工序设计或配置不安全，以及交通线路的配置不安全等；

⑥物料储存方法不当，物料堆放过高、不稳等。

（2）间接原因

1）技术和设计上的缺陷，如机械加工设备设计错误、制造错误、安装错误、维修错误等。

2）教育培训不到位。所有从事机械加工的职工都需要进行进场安全培训和三级安全教育，进行特种作业的职工还需要进行专门的特种作业安全培训。教育培训不到位的具体表现包括操作者未经培训上岗、缺乏安全知识和自我保护能力、操作技能不熟练或业务素养差、工作注意力不集中、工作态度不认真、不遵守操作规程和安全规章制度等。

3）管理缺陷、劳动制度不合理、规章制度执行不严、对生产现场工作缺乏检查或指导错误、无安全操作规程或安全规程不完善等。

4）领导层对安全工作重视程度不够。未建立或落实安全生产责任制，安全生产组织机构不健全。

血的教训

某机械厂采取了新的计件工资制，因此许多工人自发在周末加班，以求增加收入。机械加工车间女车工尹某在自己没有时间加班的情况下，擅自让在本厂担任铸造工的丈夫代替操作车床。

午间，尹某外出归来，由于害怕丈夫操作不熟练产生较多废品，于是赶往车间探望。来到车间后不久，尹某发现车床刀架紧固螺钉松动，在未停车的情况下，她违章伸手去拧螺钉。由于尹某仓促来到车间，未按安全操作规程戴安全帽，致使自己的长发被卷入车床丝杠中。其丈夫发现后，由于未接受过车工安全培训，不知道如何关闭车床电源，他抱着尹某的身体往后拉，但头发却越缠越紧。当另一工人发现该情况并拉下车间电闸时，尹某的头发连同头皮已被车床全部撕去，造成了一起惨烈的工伤事故。

35. 机械加工工伤预防的实现途径有哪些?

（1）对工作位置的安全要求

1）机械加工设备的工作位置应安全可靠，并保证操作人员的手、头、臂、腿、脚有合乎心理和生理要求的足够活动空间。

2）机械加工设备的工作面高度应符合人机工程学的要求。

3）机械加工设备应优先采用便于调节的工作座椅，在保证操作人员便于操作机械的前提下提高操作人员的舒适感。

4）机械加工设备的工作位置应保证操作人员的安全，平台和通道必须防滑，必要时设置踏板和栏杆。设置栏杆时，其各项参数应全面符合国家标准《固定式钢梯及平台安全要求　第 3 部分：工业防护栏及钢平台》（GB 4053.3—2009）的规定。

5）在机械加工生产区域应设有安全电压的局部照明装置。

（2）作业中的安全防护

1）个人防护用品的使用。个人防护用品是保护职工在使用机械加工设备过程中的人身安全与健康所必备的一种防御性装备，在意外事故发生时对避免人身伤害或减轻伤害程度可以起到一定的作用。机械加工过程中常用的个人防护用品包括防尘口罩、防毒口罩或防毒面具、防噪声耳塞或耳罩、防震手套、隔热服、降温背心及安全鞋等。

2）加工区的安全防护。凡加工区易发生伤害事故的设备，均应采取有效的防护措施，从而保证设备在工作状态下操作人员身体的任一部位都无法进入危险区，或当人体进入危险区时设备不能运转或能紧急制动。

（3）对人员的安全管理

有效的安全管理途径包括对人员的安全教育和培训、建立安全规章制度、对设备（特别是重大、危险设备）的安全监察等。

（4）维修中的安全保证

维修作业不同于正常作业操作，往往会采用一些超常规的做法，如移开防护装置或是使安全装置不起作用等。为了避免或减少维修中的伤害事故，应在控制系统中设置维修操作模式；必要时，随设备提供专用检查、维修工具或装置；在较笨重的零部件上，还应考虑方便吊装的设计。

36. 机械加工设备的安全防护装置有哪些?

安全防护装置按其使用功能可分为两大类：安全保护装置和安全控制装置。安全保护装置是用来防止机械危险部位引起伤害的安全装置，是操作者一旦进入危险工作状态时，能直接对操作者进行人身安全保护的装置，一般指配备在生产设备上起保障人员和设备安全作用的所有附属装置。而安全控制装置有两种：一种是当有人员进入危险区时，控制装置对自动器进行控制，使机器停止运转；另一种由控制装置本身创造人员不可能进入危险区的条件，如双手操作式安全控制装置。安全控制装置本身并不直接参与人身保护动作。

按照具体功能，可以将安全防护装置分为以下几类：

（1）连续检查和自动控制装置

连续检查和自动控制装置是指检测器和控制系统相结合的装置，用来保持预定的安全水平。这种装置能连续检测有毒、有害、易燃、易爆气体以及粉尘、温度、压力、噪声、振动等有害因素，当检测的参数超过限定值时就能够确定危险程度，并留有足够的时间采取行动。检测装置自动驱动控制装置以降低危险程度，如驱动排风机进行通风，降低有害物浓度，或切断设备电源，停止加料或停机等。

（2）联锁装置

联锁装置是一种与操纵器联动的防护装置，用来确保操作者在接近危险点时的安全。联锁防护装置的基本原理是，只有当防护装置关合时机械才能运转，只有当机械的危险部件停止运行时，防护装置才能开启。联锁防护装置可以有多种形式，其共同的基本特征是可靠性强，有抗干扰能力，并具有自动防止故障的能力。设计联锁装置时，必须使其在发生任何故障时，都不让人暴露在危险之中。联锁装置大多用于传动机构旋转部件和压力机等。

（3）故障保险装置

为了防止设备损坏、人员伤亡或生产下降的事故，可以采用能自动防止故障的保险装置，当机械设备发生故障时能够自动停止运行。其基本原则是：首先保护人；其次是防止对环境的损害，保护设备不受破坏；最后是防止生产下降。

（4）双手操作式安全控制装置

双手操作式安全控制装置的工作原理是将滑块的下行程运动与对双手的限制联系起来，强制操作者必须双手同时推按操纵器，滑块才会向下运动。此时如果操作者一只手离开，或双手都离开操纵器，滑块会停止下行程或超过下死点，使双手没有机会进入危险区。按操纵器的形式不同，双手操作式安全控制装置分为双手按钮式和双手手柄式。

（5）控制装置

如果机械设备运动可以迅速停止，就可以使用控制装置进行安全防护。控制装置的原理是，只有控制装置完全闭合时，机械设备才能开动；在操作者接近控制装置后，机器的运行程序才开始工作。如果控制装置断开，机器的运动就会迅速停止或者反转。控制装置在机器运转时，不会锁定在闭合状态。

（6）自动安全装置

自动安全装置的机制是，把任何暴露在危险中的人体部分从危险区域中移开。由于它仅能使用在有足够时间来完成动作而不会导致伤害的环境中，因此自动安全装置仅限于在低速运动的机器上采用。

（7）隔离装置

隔离装置是一种阻止人体的任何部分靠近危险区域的设施，如固定的栏杆等。

（8）可调安全装置

在使用机器时，有时会无可避免地遇到无法实现对危险区域进行隔离的情况，在这种情况下可以考虑采用可调安全装置。这种安全装置可能起到的保护作用在很大程度上有赖于操作者的使用、对安全装置正确的调节以及合理的维护。

第2章 金属切削工伤预防知识

37. 金属切削加工工艺有哪些危险有害因素?

（1）机床设备的危险因素

1）静止状态的危险因素：切削刀具的刀刃；凸出较长的机械部分，如卧式铣床立柱后方凸出的悬梁等。

2）直线运动的危险因素：纵向运动部分、横向运动部分、单纯直线运动部分、直线运动的凸起部分、运动部分，以及静止部分的组合和直线运动的刀具等。

3）回转运动的危险因素：单纯回转运动部分、回转运动的凸起部分、运动部分和静止部分的组合，以及回转部分的刀具等。

4）组合运动的危险因素：直线运动与回转运动的组合，如皮带与皮带轮、齿条与齿轮；回转运动与回转运动之间的组合，如相互啮合的齿轮等。

5）飞出物击伤的危险因素：切削加工过程中飞出的刀具、工件或切屑等有很大的动能，都可能对人体造成伤害。

（2）不安全行为因素

由于操作人员违反安全规程而发生的事故在机械加工工伤事故中占比相当大，如未戴防护帽而使长发卷入丝杠，未穿工作服使领带或过宽松的衣袖被卷入机械转动部分，戴手套作业导致手套与手一起被旋转钻头卷入危险部位等。

（3）金属切削加工中的有害因素

1）被加工零件和刀具在加工时表面可形成高达400~600 ℃的高温，灼热的切屑很可能伤人。

2）电路绝缘不良引起的漏电、设备运转时产生的静电。

3）切削过程中产生的脆性材料粉尘和磨料粉尘。

4）机床加工产生的振动和噪声。

5）作业环境不良。主要体现在以下方面：

①照明条件不佳。工作区照明亮度不够，存在直接眩光或反射眩光，光线脉动大。

②地面状况不良。地面或脚踏板不平，地面有水、冰或被油泥污染，地面堆积的碎屑、废料未清理。

③布局不佳。机床布局不合理，通道狭窄。

④物品堆放不合理。零件、半成品、成品堆放不合理、过高或不稳。

6）冷却液对皮肤的侵蚀。

7）安装、夹紧和拆卸大尺寸工件时，需要过重的体力劳动。

8）长期注视旋转零件引起的视觉疲劳。

9）长期从事单调工作的职业倦怠。

10）润滑液中所含的石油气溶胶，可能刺激上呼吸道黏膜、降低免疫力。

38. 金属切削加工过程中常见的伤害事故有哪些?

（1）设备接地不良、漏电或照明未采用安全电压，导致发生触电事故。

（2）旋转部位楔子、销钉凸出而未加防护罩，导致绞缠人体，发生伤害事故。

（3）清除铁屑时未采用专用工具，且操作者未戴护目镜，发生刺、割伤事故或崩伤事故。

（4）加工细长杆轴料时，车床尾部无防弯曲装置或托架，导致长料在运动中被甩出伤人事故。

（5）加工的零部件装卡不牢，运转中飞出击伤人体。

（6）机床的防护保险装置、防护栏、保护盖不全或维修不及时，易造成绞伤、碾伤事故。

（7）砂轮有裂纹或装卡不合规定要求，导致砂轮破碎飞出伤人事故。

（8）操作者在操作旋转机床时戴手套，而手套被机床的转动部分缠绕，发生绞手甚至人身伤亡事故。

39. 金属切削加工事故发生的原因主要有哪些？

（1）人的不安全行为

1）机械产生的噪声使操作者的知觉和听觉麻痹，导致不易判断或判断错误。

2）操作者依据错误或不完整的信息操纵或控制机械造成失误。

3）机械的显示器、指示信号等显示错误使操作者误操作。

4）控制与操纵系统的识别性、标准化不良而使操作者产生操作失误。

5）时间紧迫致使操作者没有充分考虑便开始处理问题。

6）操作者缺乏对机械危险性的认识。

7）操作者技术不熟练或操作方法不当。

8）准备不充分，安排不周密，操作者因仓促作业而导致操作失误。

9）作业程序不当，或监督检查不到位、违章作业。

10）人为地使机器处于不安全状态，如取下安全罩、切除联锁装置等。

（2）误入危险区

1）操作机器的变化，如改变操作条件或改进安全装置时误入危险区。

2）出于图省事、走捷径的心理，对熟悉的机器，可能会有意略去某些程序而误入危险区。

3）条件反射下忘记危险区。

4）单调的操作使操作者疲劳或倦怠而误入危险区。

5）由于身体或环境影响造成视觉或听觉障碍而误入危险区。

6）错误的思维或记忆，尤其是对机器及操作不熟悉的新工人容易误入危险区。

7）指挥者错误指挥，操作者未能抵制而误入危险区。

8）信息沟通不良而误入危险区。

9）异常状态及其他条件下的失误而误入危险区。

（3）机械的不安全状态

机械的不安全状态，如机器的安全防护设施不完善，或通风、防尘、照明、防振动、防噪声等安全卫生设施缺乏等均能诱发事故。运动机械易造成伤害事故，危险主要包括：

1）旋转的零部件具有将人体或物体从外部卷入的危险；机床的卡盘、钻床、铣刀等，以及传动部件和旋转轴的凸出部分有钩挂衣袖、裤腿、长发等而将人卷入的危险；风翅、叶轮有绞碾的危险；相对接触而旋转的滚筒有使人被卷入的危险。

2）做直线往复运动的部位存在着撞伤和挤伤的危险。

3）机械的摇摆部位存在着撞击的危险。

4）机械的控制点、操纵点、检查点、取样点、送料过程等都存在着不同的潜在危险因素。

40. 如何预防铣床工伤事故?

在铣床工作中，铣刀、切屑、工件和安装工件的夹具都可能使铣工遭受伤害。为了预防铣床工伤事故，铣工应遵守以下安全操作规程：

（1）工作前要检查机床各系统是否安全好用，各手轮摇把的位置是否正确，快速进刀有无障碍，各限位开关是否能起到安全保护作用等。

（2）安装刀杆、支架、垫圈、分度头、虎钳、刀孔等，接触面均应擦干净。

（3）机床开动前，检查刀具是否装牢，工件是否牢固。压板必须平稳，支撑压板的垫铁不宜过高或块数过多。刀杆垫圈不能做其他垫用，使用前要检查平行度。

（4）机床开动时，不准量尺寸、对样板或用手摸加工面。加工时不准将头贴近加工表面观察吃刀情况。取卸工件时，必须移动刀具后进行。

（5）每次开车及开动各移动部位时，要注意刀具及各手柄是否在正确位置上。严禁突然开动快速移动手柄。扳动快速移动手柄时，要先轻轻开动一下，看移动部位和方向是否相符。

（6）对刀时必须慢速进刀，刀接近工件时，需要手摇进刀，不准快速进刀，正在走刀时不准停车。铣深槽时要停车退刀。快速进刀时，注意防止手柄伤人。万能铣垂直进刀时，工件装卡要与工作台有一定的距离。

（7）吃刀不能过猛，自动走刀必须摘掉工作台上的手轮。不准突然改变进刀速度；有限位撞块应预先调整好。

（8）开快速时，必须使手轮与转轴脱开，防止手轮转动伤人；高速铣削时，要防止铁屑伤人，不准急刹车，以免将轴切断。

（9）铣床的纵向、横向、垂直移动，应与操作手柄指的方向一致，否则不能工作。铣床工作时，纵向、横向、垂直的自动走刀只能选择一个方向，不能随意拆下各方向的安全挡板。

（10）在机床上进行上下工件或刀具、紧固、调整、变速及测量工件等工作时必须停车，更换刀杆、刀盘、立铣头、铣刀时，均应停车。拉杆螺钉松脱后，注意避免砸手或损伤机床。

（11）拆装立铣刀时，台面须垫木板，禁止用手去托刀盘。

（12）装平铣刀，使用扳手扳螺母时，要注意扳手开口选用适当，用力不可过猛，防止滑倒。

（13）进行顺铣时必须清除丝杠与螺母之间的间隙，防止打坏铣刀。

（14）工作结束时，按规定顺序关闭各开关，把机床各手柄扳回空位，擦拭机床，注润滑油，维护机床清洁。

41. 如何预防钻床工伤事故？

为了预防钻床工伤事故，操作者应遵守以下安全操作规程：

（1）工作前必须穿好工作服，扎好袖口，不准围围巾、戴手套，女职工发辫应挽在帽子内。

（2）开动前检查设备上的防护、保险、信号装置，机械传动部分、电气部分要有可靠的防护装置，工、卡具应完好，否则不准开动。

（3）钻床的平台要紧固，工件要夹紧。钻小件时，应用专用工具夹持，防止小件被加工件带起旋转，不准用手拿着或按着钻孔。

（4）钻床开动后，不准触摸运动的工件、刀具和传动部分。禁止隔着机床转动部分传递或拿取工具等物品。

（5）手动进刀一般按逐渐增压和减压的原则进行，以免用力过猛造成事故。

（6）调整钻床速度、行程，装夹工具和工件，以及擦拭钻床时要停车进行。

（7）钻头在运转时，禁止用棉纱和毛巾擦拭钻床及清除铁屑；钻头上绕长屑时，必须停车，使用刷子或铁钩清除，禁止用嘴吹、手拉。

（8）集中精力操作，摇臂和拖板必须锁紧后方可工作，装卸钻头时不可用手锤和其他工具、物件敲打，也不可借助主轴上下往返撞击钻头，应用专用钥匙和扳手来装卸，钻夹头不得夹锥形柄钻头。

（9）钻薄板需加垫木板，钻头快要钻透工件时，要轻施压力，以免折断钻头而损坏设备或发生意外事故。

（10）钻床运转时，不准离开工作岗位，因故要离开时必须停车并切断电源。

（11）凡两人或两人以上在同一台机床工作时，必须有一人负责安全，统一指挥，防止发生事故。

（12）发现异常情况应立即停车，请有关技术人员进行检查。

（13）工作完成后，关闭机床总闸，擦拭干净机床，清扫工作地点，零件堆放及工作场地保持整齐、整洁，认真做好交接班工作。

血的教训

陕西一煤机厂职工吴某负责在摇臂钻床上进行钻孔作业。在测量零件时，吴某没有关停钻床，只是把摇臂推到一边，就用戴着手套的手去推工件。结果飞速旋转的钻头猛地绞住了吴某的手套，强大的力量拽着吴某的手臂向钻头上缠绕。吴某一边喊叫，一边挣扎，等其他工友关掉钻床之后，吴某的手套、工作服已被撕烂，右手小拇指也被绞断。

42. 如何预防镗床工伤事故？

为了预防镗床工伤事故，操作者应遵守以下安全操作规程：

（1）工作前必须穿好工作服，扎好袖口，不准围围巾、戴手套，女职工发辫应挽在帽子内。

（2）严禁戴手套操作。为避免钻头绞住头发、衣服等，钻孔时不要把头伸向钻孔处。

（3）工作前应认真检查夹具及锁紧装置是否完好正常。

（4）工件要夹紧、牢固，保证工作中不会松动。

（5）工作开始后，应先用手进给，使刀具接近加工部分，然后再用机动进给。

（6）机床运转时，切勿将手伸过工作台；在检验工件时，如有手碰到刀具的危险，应在检验之前将刀具退到安全位置。

（7）调整镗床时应注意：升降镗床主轴箱之前，要先松开立柱上的夹紧装置，否则会使镗杆弯曲及夹紧装置损坏而造成伤害事故；装镗杆前应仔细检查主轴孔和镗杆是否有损伤、是否清洁，安装时不要用锤子和其他工具敲击镗杆，迫使镗杆穿过尾座支架。

（8）当刀具在工作位置时不要停车或开车，待刀具离开工作位置后，再开车或停车。

（9）工作完成后，关闭机床总闸，擦拭干净机床，清扫工作地点，零件堆放及工作场地保持整齐、整洁，认真做好交接班工作。

血的教训

某机械加工厂镗工张某，与师傅在卧式镗床上加工一种较大、较复杂的工件，镗床主轴以每分钟200转的转速运转着。由于工件较大，形状复杂，夹持位置较高，张某站在镗床操作台上观察进刀情况。由于张某工作服最下面一颗纽扣没有系，他在靠近工件观察进刀情况时，衣角突然被镗杆绞住。师傅停车之后，张某上身裸露、痛苦地趴在车床上，左臂鲜血淋淋，劳动布工作服、毛衣、衬衣、背心全部被撕破缠绕在镗杆上。

43. 如何预防刨床工伤事故?

预防刨床工伤事故应注意以下几个方面。

（1）启动前准备

1）工件必须夹牢在夹具或工作台上，夹装工件的压板不得超出工作台，在机床最大行程内不准站人。刀具不得伸出过长，应装夹牢固。

2）校正工件时，严禁用金属物猛敲或用刀架推顶工件。

3）工件宽度超出单臂刨床加工宽度时，其重心对工作台重心的偏移量不应大于工作台宽度的 1/4。

4）调整冲程应使刀具不接触工件，用手柄摇动进行全行程试验，滑枕调整后应锁紧并随时取下摇手柄，以免落下伤人。

5）龙门刨床的床面或工件伸出过长时，应设防护栏杆，栏杆内禁止行人通过或堆码物品。

6）龙门刨床在刨削大工件前，应先检查工件与龙门柱、刀架间的预留空隙，并检查工件高度限位器是否安装正确、牢固。

7）龙门刨床的工作台面和床面及刀架上禁止站人、存放工具和其他物品；操作人员不得跨越台面。

8）作用于牛头刨床手柄上的力，在工作台水平移动时，不应超过 80 牛；上下移动时，不应超过 100 牛。

9）工件装卸、翻身时应防止锐边、毛刺割手。

（2）运转中注意事项

1）在刨削行程范围内，前后不得站人，不准将头、手伸到牛头前观察刨削部分和刀具；未停稳前，不准测量工件或清除切屑。

2）吃刀量和进刀量要适当，进刀前应使刨刀缓慢接近工件。

3）刨床必须先运转后方准吃刀或进刀，在刨削进行中如果要使刨床停止运转，应先将刨床退离工件。

4）运转速度稳定时，滑动轴承温升不应超过 60 ℃，滚动轴承温升不应超过 80 ℃。

5）进行龙门刨床工作台行程调整时，必须停机，最大行程时两端余量不得大于 0.45 米。

6）经常检查刀具、工件的固定情况和机床各部件的运转是否正常。

（3）停机注意事项

1）工作中如发现温枕升温过高、换向冲击声或行程振荡声异响或突然停车等异常状况时，应立即切断电源，退出刀具，进行检查、调整、修理等。

2）停机后，应将牛头滑枕或龙门刨床工作台面、刀架回到规定位置。

44. 如何对切屑进行安全防护?

对切屑的防护是车削加工特有的防护要求。切削加工中经常出现的切屑有带状切屑、节状切屑和崩碎切屑，其中带状切屑的危险性最大。带状切屑的锋利边缘极易刺伤、割伤操作者。由于带状切屑连续不断，可能缠绕在工件、车刀、刀架、手柄等车床的其他部分上，如不及时清理，有可能损坏机床附件或刀具，甚至使工件飞脱而伤害操作者，这时必须停车清理，否则就可能绞伤或刺伤操作者。在停车清理时，锋利的带状切屑也极易刺伤或割破操作者的手指和脚跟。崩碎切屑也有较大的危害。这种切屑一般在加工脆性材料过程中产生，也包括带状切屑折断后的各种形状的切屑。崩碎切屑的温度可达 600~700 ℃，易烫伤、割伤操作人员的脸部和身体的其他裸露部分。

（1）带状切屑的防护

为了消除带状切屑的危险性，通常采用断屑的方法，使带状切屑折断成节状或崩碎切屑。常用的断屑措施如下：

1）采用负前角车刀，增加切屑的挤压力，使切屑产生剪切变形而断裂。

2）采用带断屑槽的刀具。

3）采用带断屑器的刀具。

4）采用附加断屑块的刀具，这是将普通车刀稍加改装而成的车刀，包括固定式断屑块、活动式断屑块和可调式断屑块。

（2）崩碎切屑的防护

崩碎切屑的防护主要是控制或改变切屑的飞出方向，使其不致危及操作者的脸部。可以采取以下措施进行防护：

1）操作者佩戴护目镜。

2）在高速车削过程中，一般在加工区安装可动式透明防护罩，随刀架与照明灯座一起移动。

3）利用压缩空气或乳化液流冲洗切屑，改变切屑喷射方向。用乳化液冲洗时容易弄脏工作区；用压缩空气将切屑吹向安全方向，常适用于精密零件的车削加工和低速车削，对改变轻微碎屑方向的效果较好。

4）改变崩碎切屑的形状。通过改变刀具的几何角度、切削用量、润滑条件，可以改变切屑形状，如采用负前角车刀切削铸铁、黄铜等脆性材料，可以使切屑不断而成为卷状切屑。

45. 如何预防磨削加工工伤事故？

除内圆磨削用砂轮、用于手提砂轮机上直径不大于 50 毫米的砂轮以及金属基体的金刚石和立方氮化硼砂轮外，一切砂轮必须在装有砂轮防护罩的磨削机械上使用。对此，我国磨削加工安全标准有明确规定。

（1）在任何情况下都不允许以超过砂轮安全的速度进行磨削。一般通过保证砂轮主轴的合理转速来保证这项要求，应定期校核主轴转速，在更换新砂轮时还应进行必要的验算。

（2）根据砂轮结合剂正确选择磨削液。用树脂结合剂砂轮进行磨削时，水性磨削液的含碱量不应超过 1.5%；用橡胶结合剂砂轮进行磨削时，不能使用油基磨削液。使用时，砂轮应全部浸入磨削液中；磨削结束前，应先停供磨削液，砂轮继续旋转至磨削液甩净为止。湿式磨削须设防溅挡板。

（3）磨削时，应在砂轮运转平衡后再使工件吃刀，砂轮退出后再停车。工件加工结束或告一段落时，应将有关操纵手柄放在空挡位置。

（4）在寒冷工作场地使用砂轮时，应注意逐渐增加负荷直到满足使用要求，保证砂轮温升均匀。温度低于 0 ℃不得使用磨削液。

（5）定期检查砂轮装置的安全状态。检查重点包括卡盘和主轴缺陷、砂轮直径和厚度的磨损是否过量变形、平衡块是否损坏等，出现异常应及时维修或更换。

（6）磨削镁合金工件容易引起火灾，应保持有效的通风，润湿粉尘，并及时清除通风装置管道里的粉尘，采取严格防护措施。

（7）磨削加工的个人安全卫生防护：

1）在干式磨削操作中，粉尘、研磨剂、磨粒和碎屑通常会损伤操作者的眼睛，可采用佩戴眼镜或护目镜、固定防护屏等方式有效保护眼睛。

2）磨削加工操作间应配置有效的局部通风除尘装置。移动式砂轮作业因不便使用通风设施，应避免长时间操作，必要时可配备个人防尘呼吸用品。

3）金属研磨工应特别注意防止铅化合物等重金属污染，应配备保护服、完善的卫生洗涤设备和必要的医疗管理。

46. 如何安全使用砂轮机？

安全使用砂轮机应注意以下几点：

（1）应根据工件的材质和加工进度要求，选择砂轮的粗细；根据工件要加工的形状，选择相适应的砂轮面。

（2）所用砂轮不得有裂痕、缺损等缺陷，安装一定要稳固。在使用过程中也应时刻注意，一旦发现砂轮有裂痕、缺损等，立刻停止使用并更换新品。

（3）安装砂轮时，砂轮的内孔与主轴配合的间隙不宜太紧；砂轮装好后，要装防护罩、挡板和托架。新装砂轮启动时，不要急于投入使用，先点动检查，经过试转后才能使用。

（4）操作人员应戴好防护眼镜和手套，以防止飞溅的金属屑和沙粒对人体的伤害。

（5）磨削时，操作人员应站在砂轮机的侧面，不准两人同时在一块砂轮上磨刀。初磨不能用力过猛，以免砂轮受力不均而发生事故。禁止磨削紫铜、铅、木头等，防止砂轮嵌塞。

（6）施加在被磨削工件上的压力应适当，过大将产生过热而使加工面退火，严重时将不能使用，并造成砂轮寿命降低过快。

（7）为了防止被磨削的工件加工面过热退火，可随时将磨削部位放入水中进行冷却；磨削时间过长的刀具也应及时进行冷却，防止烫手。

（8）对于宽度小于砂轮磨削面的工件，在磨削过程中，不要始终在砂轮的一个部位进行磨削，应在砂轮磨削面上以一定的周期进行左右平移，目的是使砂轮磨削面能保持相对平整，便于以后加工。

（9）应使用带漏电保护装置的断路器与电源连接；定期测量电动机的绝缘电阻，应保证不低于5兆欧。

相关链接

关于砂轮机的安全使用，我国专门出台了《磨削机械安全规程》（GB 4674—2009）等一系列国家标准。《磨削机械安全规程》共5章，对砂轮机的设计与制造安全，砂轮的检查、安装、管理和维护等作出了一系列要求，是使用砂轮机时必须遵守的重要标准文件之一。

47. 铸造过程中存在哪些危险有害因素?

铸造加工的工序多、劳动量大、物料多、作业环境恶劣，在各个阶段都可能出现危险有害因素。

（1）高辐射热

高辐射热易引发火灾及爆炸。

（2）工作环境恶劣

工作环境恶劣易引发砸伤、碰伤、烫伤、灼伤等事故。

（3）有害粉尘

在型芯砂运输、加工过程中，打箱、落砂及铸件清理中，都会使作业现场产生大量的粉尘；在铸钢清砂过程中，常含有危害较大的矽尘，若没有有效的排尘措施，易患矽肺病。

（4）有害气体

在用焦炭熔化金属以及铸型、浇包、浇注等过程中，会产生能引起呼吸道疾病的二氧化硫；型芯干燥室受热达 200~250 ℃，浇注铁水型芯受热达 1 000 ℃时，油质挥发出能引起急性结膜炎和上呼吸道炎症的丙烯醛蒸气；在浇注铸型时，型芯和涂料中的各有机物质都能释放出大量的有害气体。

（5）高温

铸造的熔化、浇注、落砂工序中散发出大量的热量，在夏天使车间内温度经常达到 40 ℃甚至更高，影响生产。因此，在炎热夏季，车间内需注意防暑降温，改善劳动条件。

（6）振动和噪声

铸造车间中有许多产生强烈振动的机械，主要振动源是落砂床、气动铸造成型机、离心机和其他机械冲击作用引起地板和其他建筑构件的振动；产生局部振动的机械主要是气动气锤、压桩机和其他机械。

（7）其他因素

1）采用高频电加热设备进行金属熔炼、加热、铸模和铸芯干燥时，会产生电磁场。

2）铸造车间使用的各种机械比较多，其传动机构都属危险部位。

3）铸造车间的物料运输量大，使用的起重运输设备多，运输路线复杂，往往是“多层”“立体”交错运行，在运输过程中发生机械伤害和物体打击事故较多。

48. 如何预防铸造工艺工伤事故？

（1）混砂作业

1）必须穿戴整齐劳保用品后，方可进入工作岗位。

2）开始混砂以前，必须先空载运转检查混砂机是否运转正常。

3）每次石英砂的装入量不得超过最大核载的 10%。必须保证运转时砂不能飞出机盆外。

4）面砂和背砂交换混制时，必须将机盆内清净后方可混制，不允许背砂残留部分混入面砂之中。

5）混制好的面砂和背砂必须分开堆放，距离不小于 1 米，并用塑料布掩盖，不允许大面积与大气接触。

6）机器运转全过程不允许让手和工具进入机盆内。

（2）造型作业

1）造型作业中要注意起重运输安全，绝对禁止在起吊物下方工作，应当将砂型放在平稳而坚固的支架上，防止物件落下碰撞伤人。

2）造型用砂箱堆垛要防止倒塌砸伤人，堆垛总高度一般不要超过 2 米。

3）手工造型和造芯时，要注意防止砂箱或芯盒落地砸脚、手指被砂箱挤压、砂中的钉子和其他锐利金属片划破手、钉子扎脚等伤害。

4）使用机器造型、造芯时，一定要熟悉机器的性能及安全操作规程。

5）采用地坑造型时，要了解地坑造型部位的水位，以防浇注时高温金属液体遇潮发生爆炸；还应安排好排气孔道，以使铸型底部的气体能顺利排出。

6）抛砂造型时，操作者要相互配合好；抛砂机悬臂周围不要堆放砂箱等物品；停止工作时，应紧固悬臂，使其不能移动。

7）芯铁、砂箱的加强筋不要暴露在铸型表面，否则，因其吸潮，金属液体与之接触时易发生“炝火”，烫伤作业人员。

8）在造型捣砂时，操作人员要穿硬包头工作鞋，并保持精神集中。操作捣固机时，捣锤不要捣在脚上或箱边、箱带、浇口及出气口上，以免影响砂型质量和造成人身事故。

（3）砂型烘干作业

1）在装炉时，应确保装车平稳，砂箱装叠应下大上小，依次排列。上下砂箱之间四角应用铁片塞好，防止倾斜和晃动。

2）在装、卸炉时，要有专人负责指挥；在装卸砂型、砂芯时应平均装卸，不能单边调装，以免引起翻车。

3）砂型、砂芯起吊时应注意起吊质量，不得超过行车负荷；每次起吊砂型要求同一规格，不能大小混吊。

4）在加煤或扒渣时应戴好防热面罩，以防火焰及热气灼伤脸部。

5）火门附近禁止堆放易燃物、易爆品，炉门附近及轨道周围严禁堆放障碍物。

（4）浇包与浇注

1）浇注工要穿戴好防护服，戴好护目镜。

2）认真检查浇包、吊环和横梁有无裂纹，机械转动和定位锁紧装置是否灵活、平稳、可靠，漏底包塞杆是否操纵灵活、塞头与塞套是否紧密吻合，有无钢水泄漏。

3）浇注通道应畅通，无坑洼不平和障碍物，以防绊倒。手工抬包架大小要合适，使浇包装满金属液体后重心在套环下部，以防浇包倾覆造成人员伤亡事故。准备好处理浇余金属液体的场地与锭模。

4）起吊装满铁（钢）水的浇包时，注意不要碰坏出铁（钢）槽和引起铁（钢）水倾倒与飞溅事故。浇注包盛铁（钢）水不得太满，以防洒出伤人。

5）铸型的上下箱要锁紧或加上足够质量的压铁，以防浇注时抬箱、“跑火”。

6）在浇注中，当铸型中金属液体达到一定高度时，要及时引气（点火），排出铸型中可燃与不可燃气体。

7）浇注时若发生严重“炝火”，应立即停浇，以免金属液体喷溅引起人员烫伤和火灾。

8）浇注产生有害气体的铸型时（如水玻璃流态砂、石灰石砂、树脂砂铸型等），应特别注意通风，防止中毒。

（5）落砂、清理

1）落砂清理工一定要做好个人防护，熟悉各种落砂清理设备的安全操作规程。

2）从铸件堆上取铸件时，应自上而下取，以免铸件倒塌伤人。重大铸件的翻动应使用起重机；往起重机上吊挂铸件或用手翻倒铸件时，要防止吊索或铸件挤压手；要了解被吊运铸件的质量，严禁超负荷起吊；吊索要挂在铸件的适当部位上，不能挂在浇冒口上。

3）手工清砂时要防止残余粘砂及铸件上的飞边、毛刺、浇冒口对人手的割伤和飞砂对眼睛的伤害。

4）使用风铲时应注意：将风铲的压缩空气软管与风管和风铲连接牢固、可靠；风铲应放在将要清理的铸件边上后再开动；风铲不要对着人铲削，以免飞屑伤人；停用时，关闭风管上的阀门，停止对风铲供气，并应将风铲垂直地插入地里。

5）清理打磨镁合金铸件时，必须防止镁尘沉积在工作台、地板、窗台、架空梁和管道以及其他设备上。在打磨镁合金铸件的设备上不允许打磨其他金属铸件，否则产生的火花易引起镁尘燃烧。

血的教训

2007 年，辽宁省某钢铁厂生产车间，一个装有约 30 吨合金溶液的钢包在吊运至铸锭台上 2~3 米高时，突然发生滑落倾覆。钢包倒向车间交接班室，合金溶液涌入室内，致使正在班室内开班前会的 32 名职工当场死亡，另有 6 名炉前工人受伤，其中 2 人重伤。

49. 锻造过程中存在哪些危险有害因素?

（1）锻造机械、工具或工件直接造成的伤害。如锻锤锤头的击伤；锻件放置不当、锤力过猛及工具断裂等原因使锻件、工具飞出伤人。此外，锻造生产使用的设备工作时发出的基本都是冲击力，容易造成严重的工伤事故。

（2）锻造加热炉、压力机和锻锤附件产生的热辐射，易造成烧伤、烫伤、灼伤。

（3）火灾和爆炸的危险。锻压车间的地坑中积存有油，容易引起火灾；启动气体燃料加热炉，点火不当、鼓风突然停止、燃气泄漏以及燃料蒸气等因素都有可能引起爆炸。

（4）锻造车间空气中可能存在有毒、有害物质。如二氧化硫、一氧化碳、硫化氢等有害气体；压缩空气将冲模、阴模及锻件表面吹起的灰尘、氧化皮、石墨；冲模时形成的油气溶胶等。

（5）锻造车间往往具有很大的噪声和振动，其噪声多为脉冲噪声，声压级大多超过国家标准。

50. 如何预防锻造工艺工伤事故?

（1）工作开始前应选好适合工作形状、规格的钳子等工具。不能用松动或卷边的锤头，也不得使用钳口变形的钳子、沾有油脂的压铁。

（2）车间处于生产状态时，凡进入车间的人员必须戴安全帽，生产时应穿防护工作鞋。工人必须穿好规定的防护服，严禁穿短袖上衣、短裤等不符合规定的衣服上岗工作。工人生产时必须佩戴防护眼镜，以避免毛刺、火星等损伤眼睛；加热工应佩戴防辐射眼镜。当生产环境噪声超过规定限度时，必须使用护耳器（耳塞或耳罩）。

（3）钳工发出的信号要清楚、准确，其他操作者不得随意发出信号。司锤工可拒绝不符合操作规程的指挥；各岗人员如发现问题要停止工作时，可随时发出停锤口令，发出停锤口令后必须停止锻打。

（4）使用钳子等工具时，不可直对着人的身体，手指不能放在钳柄中间。用钳夹大件时，钳杆应套上铁环箍或扎上绳索；使用吊车挂链锻大件时，挂链和吊钩应用保险装置钩牢，防止振动脱落。坯料或锻件放置在挂链、选料叉上的位置应平稳、牢固，以防滚落伤人。

（5）在开锤前应预热。锻锤停开时间较长，开锤前应排出汽缸中的冷凝水；锻锤在开锤前需要空转一段时间，空转后应试几下锤后方可开锤工作。

（6）锻件应平稳地放在铁砧上；复杂零件需倾斜锻造时，应注意选好着力点，以免飞出伤人。锤击过程中，严禁往砧面上塞放垫铁，必须待锤头悬空平稳后方可放置；垫铁在砧面上的放置位置和放入深度要恰当，以防打飞伤人。

（7）使用手锤时不得戴手套，应站在与掌钳者成 90° 角的位置。抡锤前，应注意周围有无行人或障碍。

（8）应使用工具接送锻具，严禁手伸入模具下面接送锻具。严禁直接用手或脚清除砧面上或模膛里的氧化皮；当用压缩空气吹扫氧化皮时，对面不得站人。因故障发生卡锤现象时应立即切断动力源，必须用安全栓支撑后用工具解脱。严禁身体的任何部分进入锤头下方。

（9）在搬运或向酸洗槽中倾注酸液时，应使用专用工具；若使用室外储酸罐加酸时，必须按照操作顺序进行。

51. 热处理过程中存在哪些危险有害因素?

（1）作业环境中有害气体和粉尘浓度过高。热处理所用工作介质（如熔盐）往往会逸入作业环境，能使人的呼吸器官组织麻痹，作业环境中形成的气溶胶还可能被吸进或吞咽。

（2）材质和设备表面温度过高，热辐射可造成烧伤。操作温度很高的等离子体、电子射线、光学等类型的炉子可能引起眼烧伤。

（3）电加热设备电压过高、电流过大，有引起火灾和触电事故的危险；淬火油在使用过程中也容易引起爆炸和燃烧事故。

（4）采用高频电炉时，所产生的电场强度和磁场可能对人体器官产生不良影响。

（5）某些设备在机械振动和工作时（如感应加热炉铁心磁化过大时）都可能产生超过允许标准的噪声。

52. 如何预防热处理工艺工伤事故?

（1）一般规定

1）操作人员进入岗位前要穿戴好必要的防护用品；操作前要熟悉热处理设备使用方法及其他工具、器具。

2）处理工件要认真看清图样要求及工艺要求，严格按照工艺规程操作。

3）用电阻炉加热时，工件进炉、出炉应先切断电源，以防触电；出炉后的工件不能用手摸，以防烫伤。

4）操作完后，打扫场地卫生，放好工具、用具。

（2）井式电炉安全操作规程

1）清除炉内氧化皮，检查电阻丝及炉壳接地线。开动风扇检查运转情况，并在升温轴承和回转处注入适量的润滑油。

2）工件应放于装料筐内入炉，严禁撞击或任意抛甩；入炉工件质量不能超过 250 千克。

3）工作时精力集中，随时检查和校准仪表温度，防止产生高温而使工件过热退火，加热炉温度最高不能超过 650 ℃。

4）加热炉检修后，应先按规定进行分段干燥处理。

（3）箱式电炉安全操作规程

1）清除炉内铁屑，清扫炉底板，以免铁屑落于电阻丝上造成短路损坏。

2）根据工件的图样要求，确定合理的工艺范围。按时升温，保证出炉操作，经常检查仪表温度并进行校准，防止误操作。

3）注意检查热电偶安装位置。热电偶插入炉内后，应保证不与工件相碰。

4）入炉工件的质量应不超过炉底板最大载荷量，装卸工件时应确保在电源断开的情况下进行。

5）为保证炉温，不能随便打开炉门，检查炉内情况应从炉门孔中观察。

6）冷却剂应放置于就近、方便的位置，便于工件出炉后降温；出炉时应确保工位正确，夹持稳固，防止炽热工件伤害人体。

7）炉子检修后，必须按规定进行烘烤，并检查炉膛及顶部保温粉是否填满，接地是否与炉壳紧固。

（4）气体渗碳炉安全操作规程

1）升温前，先检查炉内有无工件、马达冷却水是否畅通；合闸时，应检查电器部分有无松动、脱落现象；炉温升至600 ℃时，应立即开风扇，温度控制在要求温度内。

2）根据工件形状选好罐、挂、夹具等。工件的罐、挂、夹具等必须整齐、稳固、可靠，并在炉内保持一定的间隙，不能倒置并装好炉内的试样。

3）工件入炉前，必须待炉温升到工作所需温度并保持半小时方可入炉。入炉时，切断电源，打开炉盖，迅速放入工件，保证工件稳固地放置于炉子正中，盖好炉盖，密封好并按工艺要求立即滴入煤油、酒精。

4）到达共渗温度时，保温半小时，把外观察的试样放入炉内进行共渗。共渗过程要集中精力，防止仪表跑温，并经常检查滴油量、酒精量和炉压是否稳定，认真做好记录。

5）共渗到工艺要求的时间时，应去除试样送金相室检查渗碳层深度，根据渗碳层深度按工艺执行。

6）工件出炉前，应准备好合适的挂具，切断电源，关好滴油阀、酒精阀，打开炉盖迅速操作，以减小空气降温。

7）工件出炉淬火必须严格按工艺要求选用冷却剂，禁止乱用、错用冷却液，确保质量全优。

53. 焊接过程存在哪些危险有害因素?

（1）易造成触电事故

焊接过程中，因焊工要经常更换焊条和调节焊接电流，操作中要直接接触电极和极板，尤其是在潮湿及电源线、电器线路绝缘老化条件下更容易导致漏电触电事故。

（2）易引起火灾爆炸事故

由于焊接过程中会产生电弧或明火，在有易燃物品的场所作业时，极易引发火灾。特别是在易燃易爆装置区（包括坑、沟、槽等），储存过易燃易爆介质的容器、塔、罐和管道上施焊时危险性更大。

（3）易致人灼伤

因焊接过程中会产生电弧、焊剂渣，因此焊工在进行焊接操作时必须要穿戴好专用的防护工作服、手套和鞋。尤其是在高处进行焊接作业时，因电焊火花飞溅，若没有采取防护隔离措施，易造成焊工自身或作业面下方工作人员皮肤灼伤。

（4）易引起高处坠落

因施工需要，电焊工经常需要登高焊接作业。如果防高处坠落措施没有做好，脚手架搭设不规范、没有经过验收就投入使用，焊工个人安全防护意识不强，登高时不戴安全帽、不系安全带，一旦出现行走不慎、意外物体打击等情况，很有可能发生高处坠落事故。

（5）易引起电光性眼炎

由于焊接时产生强烈火焰、可见光和大量不可见的紫外线，对人的眼睛有很强的刺激伤害作用，长时间直接照射会引起眼睛疼痛、畏光、流泪、怕光等，易导致眼睛结膜和角膜发炎等。

（6）具有光辐射作用

焊接过程中产生的电弧光含有红外线、紫外线和可见光，对人体具有辐射作用。红外线具有热辐射作用，在高温环境中焊接易导致人员中暑；紫外线具有光化学作用，对人的皮肤有很大的伤害；红外线、紫外线长时间照射外露的皮肤会使皮肤脱皮；可见光长时间照射会引起眼睛视力下降。

（7）易产生有害的气体和烟尘

由于焊接过程中产生的电弧温度超过 4 200 ℃，焊条芯、药皮和金属焊件熔融后要发生气化、蒸发和凝结现象，会产生大量的锰铬氧化物及有害烟尘。同时，电弧光的高温和强烈的辐射作用，还会使周围空气产生臭氧、氮氧化物等有毒气体。长时间在通风条件不良的情况下从事电焊作业，这些有毒气体和烟尘被人体吸入，对身体健康有一定的影响。

（8）易引起中毒、窒息

焊工经常要进入金属容器、设备、管道、塔、储罐等封闭或半封闭场所施焊。储运或生产过有毒有害介质及惰性气体的容器，一旦工作管理不善，防护措施不到位，极易造成作业人员中毒或缺氧窒息，这种现象多发生在炼油、化工等行业。

54. 焊接工艺应遵守哪些安全操作规程？

（1）焊条电弧焊的安全操作规程

1）焊接之前，先检查焊接场所的工件和工具是否合理放置；检查设备、电气连线及保护接地线是否正确可靠；检查接地点是否接触良好，以免发热或产生火花。

2）焊接操作者的手和身体其他部位不得接触二次回路的导体，特别是在身上大量出汗、衣服湿透等情况下，不能直接接触工作台、焊件或焊钳（枪）等带电体，以免触电。对于空载电压较高的焊机，在潮湿的工作点使用时，应在操作台附近地面上铺设橡胶绝缘垫。

3）当转移工作地点，搬运焊机、更换保险丝、检修发生故障的焊机、改变焊机接头或需要更换焊件时，应先切断电源再进行操作。推拉闸刀开关时必须戴皮手套，同时头部需偏斜，以免产生的开关飞弧灼伤脸部和眼睛。

4）在金属容器内（如油槽、锅炉、管道或舱室等）、金属结构上及其他狭小工作场所焊接时，须采取加设橡皮垫、戴皮手套、穿绝缘鞋等专门防护措施，以保障焊接操作者与焊件之间的绝缘，防止触电事故发生。

5）焊接工作结束而停机时，应先按下接触器的停止按钮，切断焊机电源，再拉断电源闸刀开关；严禁在焊接时带负荷拉闸，以免产生电弧而伤害到拉闸者。

（2）氩弧焊的安全操作规程

1）熟知氩弧焊操作的基本技术流程，工作前穿戴好劳动防护用具，检查焊接电源和系统接地线是否可靠，对设备进行空载式运转，确认电路、水路、气路畅通。

2）在焊接过程中，严禁在电弧附近吸烟、进食，以免有害烟尘进入体内。设备发生故障时应停电检修，检修工作由专业维修人员进行。

3）磨削钨极棒时，应戴上口罩、手套，正确使用砂轮机；需要更换钨极时，应先切断电源。

4）气瓶不能受到强烈的冲击和挤压，以免气瓶损伤或内压升高而发生爆炸。瓶阀冻结时，严禁用火烤，最好用热水或蒸气解冻，以免瓶内的可燃气体着火或瓶阀密封材料被烤坏。气瓶不能靠近热源，与明火的距离一般不小于10米，以免瓶内气体受热膨胀而发生爆炸。

5）瓶内气体不能用尽，须保留一定的气体压力，一是防止空气进入气瓶；二是当气瓶上的漆色标志不明时，可以抽出剩余气体化验鉴别，以免充瓶时气体混装。

6）焊接工作结束时，切断电源，关闭冷却水和气瓶阀门，扑灭残余的火星后再离开作业现场。

（3）二氧化碳气体保护焊的安全操作规程

1）进行二氧化碳气体保护焊之前，应提前 15 分钟给预热器送电；焊接工作结束后，一定要将预热器的电源切断。

2）开启二氧化碳气瓶阀门时，操作者应站在阀门的侧面，以免被泄漏的高压气体伤及面部或身体其他部位。

3）合理调整焊接工艺参数，防止焊丝熔化不稳定，焊丝头甩出伤人。

4）应加强焊接场所的通风，防止产生的有毒气体及烟尘危害。对于一些小型工件，可在带有通风装置的密闭防护箱内进行焊接；在容器、舱室等狭小的空间内进行二氧化碳气体保护焊时，不仅要有良好的通风措施，还需要使用专门的通风面罩。

（4）埋弧焊的安全操作规程

1）进行埋弧焊之前，操作者应穿戴好个人防护用品，如绝缘鞋、皮手套、工作服等；检查焊机各部分导线的连接是否良好；焊接设备应有可靠的接地或接零保护线，焊接小车的轮子须与工件绝缘。

2）焊接过程中，操作者应防止电弧从焊剂层下暴露出来，以免眼睛受到弧光的辐射；在清除覆盖在焊道上的渣皮时，应戴上平光眼镜，以免崩起的渣屑损伤眼睛。

3）在通风不良的舱室或容器内进行埋弧焊时，应采用有效的通风设备，以便排出焊接过程中产生的有害气体；在夜间或其他光线不良的情况下操作时，应具备足够的照明灯具，照明灯的电压不能超过 12 伏。

4）焊接工作结束时，必须切断焊接电源；自动焊小车要放在平稳的地方；半自动埋弧焊的手把应放置妥当，禁止手把带电部位与其他物件碰靠，以免再次通电时产生短路。

（5）等离子弧焊的安全操作规程

1）焊接设备应安放在干燥、清洁和通风良好的地方，且外壳必须接地。

2）焊接过程中，应加强通风，以免遭受烟尘和有害气体的危害；穿戴好必要的焊接防护用品（如面罩和护目镜等），防止弧光伤人。

3）压缩空气装置需设有汽水分离器，及时放掉积水。使用前先向管道中通气 3 分钟，以排除凝结水汽。当压缩空气的压力小于 0.3 兆帕时，汽水分离器应能自动启动闭锁装置。

4）严禁触及设备上的带电部分，更不能用双手同时接触带电焊枪的正、负两极，以免遭到电击伤害。

5）需要更换焊枪中的钨极时，必须先切断直流电源。手直接接触到放射性的电极后，应及时用肥皂将手洗净。磨削钍钨极棒时最好用带喷水的砂轮机。

55. 焊割作业中的“十不焊割”指什么？

（1）焊工必须持证上岗，无安全操作证的人员，不准进行焊割。

（2）凡属一、二、三级动火范围的焊割作业，未经办理动火审批手续，不准进行焊割。

（3）焊工不了解焊割现场周围情况，不准进行焊割。

（4）焊工不了解焊件内部是否安全时，不准进行焊割。

（5）各种装过可燃气体、易燃液体和有毒物质的容器，未经彻底清洗，排除危险性之前，不准进行焊割。

（6）用可燃材料作保温层、冷却层或隔音、隔热设备的部位，或火星能飞溅到的地方，在未采取切实可靠的安全措施之前，不准进行焊割。

（7）有压力或密闭的管道、容器，不准进行焊割。

（8）焊割部位附近有易燃易爆物品，在未清理或未采取有效的安全措施前，不准进行焊割。

（9）附近有与明火作业相抵触的工种作业时，不准进行焊割。

（10）与外单位相连的部位，在没有弄清有无险情，或明知存在危险而未采取有效的措施之前，不准进行焊割。

56. 如何预防焊接工艺工伤事故?

（1）焊接灼伤的预防措施

在焊接过程中，如果防护不当，焊接电弧、飞溅的金属熔滴、红热的焊条头、焊接熔渣或刚焊接过的焊件等都可能会对人体产生伤害，导致皮肤或眼睛灼伤。为防止焊接灼伤事故的发生，应采取以下措施：

1）穿好工作服。为避免飞溅金属落入裤内，上衣不应塞在裤子里，裤脚不应向外卷出，工作服的口袋要盖好，并检查绝缘手套是否完好。有大量飞溅物或在狭小的场所进行焊接时，应将颈部和脸部防护好，以免反射过来的金属灼伤皮肤。

2）对焊件进行预热时，为避免灼伤，焊件烧热的部分应用石棉板遮盖起来，只露出待焊接的部分。

3）使用大电流尤其是进行粗丝二氧化碳气体保护焊时，焊钳上应加设防护罩。

4）高空作业更换焊条时，严禁乱扔焊条头，以免红热的焊条头烫伤他人或引发事故。

5）为防止飞弧灼伤人体，合闸时应将焊钳挂起或放在绝缘板上；拉闸时须先停止焊接。旋转式直流焊机应采用磁力启动器来启动，严禁直接用闸刀开关启动。

6）为防止清渣时灼热的熔渣烫伤眼睛，操作者应戴符合要求的防护眼镜；清渣的方向应避免其他人员，严禁清理尚未冷却的熔渣，以免高温熔渣崩落到眼睛或皮肤上，造成严重的灼伤事故。

（2）焊接电弧辐射伤害的预防措施

焊接电弧是电极与工件之间产生的一种强烈的气体放电现象。弧光辐射到人体上，会对体内组织产生热作用、光化学作用或电离作用，导致人体组织发生不同程度的急性或慢性的损伤。电弧的温度越高，弧光的辐射能力越强；电压相同的情况下，惰性气体电弧比其他气体电弧的辐射能力更强。

焊接中防止弧光辐射伤害的措施如下：

1）为防止皮肤受到电弧伤害，焊接操作者须穿戴工作服、手套等劳保防护用品，禁止在卷起袖口、穿短袖衣服或敞开衣领等状态下进行焊接操作。

2）焊接操作者应选用合适的面罩（有手持式和头盔式两种），所选用的护目玻璃要符合安全要求；与焊接工作有关的其他人员应按规定佩戴防护眼镜；禁止直接用眼睛观察电弧，不得任意更换滤光镜片的色号。

3）焊接工地附近有白色墙壁或玻璃等有反射作用的物体时，最好将它们屏蔽起来，防止反射光伤人。

4）焊接小工件的固定场所应设置防护屏，防护屏最好用涂上灰色或黑色油漆后的耐热材料制作；临时施焊处用耐火材料（如石棉板、玻璃纤维布、钢板等）作防护屏，用角钢或钢管作支架。

（3）高频电磁场伤害的预防措施

在焊接操作过程中，由于电机内高频振荡器的作用，焊钳部分往往带有高频电。人体长时间受到高频电磁场的影响，可能出现神经功能失调的症状，如头昏、疲乏无力、记忆力减退和脱发等。

为了消除高频电磁场对人体的伤害，应采取以下安全防护措施：

1）降低振荡频率。高频电的频率越高，电磁场穿过空间和绝缘体的能力越强，对人体的影响越大，因此在保证电弧稳定性的基础上，应尽量降低振荡频率。

2）屏蔽焊钳线和导线。加设接地屏蔽装置能使高频电磁场局限在一定范围内，大大减小对人体的影响。屏蔽方法是采用细铜质金属丝编织成网状，套在电缆胶管外面（焊钳上装有开关线时须放在屏蔽线外面），铜丝的一端接在焊钳上，一端接地。

3）减小高频电的作用时间。采用振荡器引弧时，可采用延时继电器使得引弧后很快切断振荡器回路，减小高频电磁场作用的时间。

4）降低作业现场的温度和湿度。焊接作业现场的环境温度和湿度与高频电磁辐射对肌体的影响有直接的关系，温度越高，湿度越大，肌体所表现出来的症状越明显。应加强通风，控制作业现场的温度和湿度。

57. 压力加工过程中的危险有害因素有哪些?

（1）冲压加工中最易发生的事故是冲头伤指。若操作人员思想不集中、动作不协调或工件在模具中未放正而进行调整时，冲头刚好下落，就很可能造成伤害事故。

（2）机械伤害。如冲模或工具崩碎飞出伤人，工件被挤飞伤人，齿轮或转动机构将操作人员绞伤，模具起重、安装、拆卸时造成的砸伤、挤伤等。

（3）设计或设备失误导致的伤害。一是安全装置失灵，如制动器不制动造成的伤害；二是操作机构失灵，发生意外连冲；三是模具设计不合理，操作不方便而引发操作事故。

（4）管理缺陷导致的伤害。如多人操作时因不协调而引发事故，工艺安排不合理、所选用工具不合适从而发生伤害。

（5）噪声和振动导致的伤害。如压力机产生的噪声极易造成人听力损伤，压力机振动容易导致操作人员患手臂振动病。

（6）生产过程中的有害物质导致的伤害。如冲压过程中产生的粉尘、酸等引发伤害事故。

58. 导致冲压事故发生的原因有哪些？

（1）人的不安全行为

1）操作人员文化水平低、受培训教育程度不足。冲压事故受害者大多是 30 岁以下的年轻职工，其中大多数是临时用工形式的农民工，受伤部位多是手指、手掌、手前臂。这些职工由于受教育或职业培训水平有限，不能熟练掌握和运用机械设备的安全知识和操作规程，对作业中可能存在的危险缺乏基础的防范意识、判断能力以及处理能力。

2）操作人员的生理状态不良。传统冲压工艺动作单一、作业连续重复、劳动强度大，需要操作者的注意力高度集中，并且持久稳定。要达到这样的要求，需要有良好的体质和熟练的技能。有的操作人员带病工作，或是自身存在近视、耳聋、疲劳、睡眠不好、身高与机器不协调等生理问题，容易导致工伤事故发生。

3）操作人员心理或精神状态不佳。不佳的心理或精神状态，如心情不好、烦躁、精神紧张、精力不集中、反应迟钝、感觉缺陷、心不在焉、思想麻痹大意等，容易导致操作人员操作出错，从而发生工伤事故。此外，有的工厂给冲压工的工作任务过重、计件达标要求太高，职工背负巨大的工作压力，以致身心疲惫而出事故。

（2）物的不安全因素

1）机械设备存在缺陷。有的冲压机械设备采用脚踏驱动方式，容易因手脚配合不好而发生事故；有的冲压机械设备采用单相控制方式，容易因双手配合不好而发生事故；有的冲压机冲头出现时快时慢、连冲等缺陷，容易引发事故。

2）安全防护设施存在缺陷。一是安全防护措施缺失或简陋；二是安全防护措施不缺失，但失灵、失效。

3）个人安全防护用品存在缺陷。机械加工职工不佩戴手套、防护耳罩等个人安全防护用品，或用人单位未提供必要的个人安全防护用品，都容易引发事故并导致工伤。

（3）环境的不安全状态

机械加工设备设施不满足安全要求，厂房、加工区域的工作环境差，通风不好，噪声严重，作业环境温度不适等环境不安全状态均易引发事故。

血的教训

某冲压车间职工李某在上班期间独自一人操作250吨冲床加工冲压工件。在操作过程中，李某发现工件定位不正。由于思想疏忽、麻痹大意，在压力机滑块下行过程中，李某伸出右手进入模具危险区矫正工件定位，致使其右手被压成重伤，食指、中指、无名指和小指分别断裂。

59. 防止冲压伤害事故的安全对策有哪些？

冲压伤害事故一般发生在人、机、物、料、环境等子系统中，与冲压设备、模具、操作方式、环境和人的状态有关。因此，我们要用安全系统工程的观点，从心理学、生理学、人机工程学以及系统工程学等学科领域研究人的行为和机械的不安全状态；研发机械和模具的安全防护装置和适合生产的各种安全工具；采取综合性安全技术措施，从根本上预防冲压伤害事故。

防止冲压伤害事故的安全对策如下：

（1）对冲压作业人员进行安全教育培训

在冲压作业中，人是最活跃、最积极、起决定性作用的因素，因此对人的管理至关重要。对冲压作业人员进行安全教育培训是安全管理的重要组成部分。要对所有人员（包括领导干部、生产及技术管理人员、冲压工人）灌输“安全第一、预防为主”的安全思想，进行职业安全卫生法律法规教育。冲压工人要熟练掌握冲压生产技术及冲压设备、模具、防护装置的安全操作技术。在入职前，冲压操作工人须通过特殊工种培训考试后方能持证上岗。

（2）全面落实安全技术措施

冲压安全技术措施的具体内容很多，主要包括：改进冲压作业方式，改革工艺和模具；设置模具和设备的防护装置；在模具上设置机械进出料机构，实现机械化和自动化（如采用自动化、多工位冲压机械设备、多工位模具、连续模、自动模与机械化进出料装置等）。这些安全技术措施不仅能保障冲压作业的安全，而且能提高产品质量和生产效率，减轻劳动强度，方便操作，实现冲压作业的安全生产。

（3）严格进行冲压安全管理

除采取安全技术措施外，还必须同时采取管理方面的措施，两者缺一不可。如果冲压安全技术措施的实施没有管理措施加以保障，那么技术措施也难以发挥作用。对冲压过程进行安全管理，首先需要建立健全安全生产规章制度，贯彻落实安全生产责任制，并在此基础上，积极推动冲压车间安全风险评估和隐患治理工作，保证企业的安全生产。

60. 冲压机械需要设置哪些安全防护装置？

（1）模具的安全防护装置

1）模具防护罩（板）。在模具周围设置防护罩（板）是为了实行安全区操作，防止将手伸入模内的一种保护措施，可用于板形坯料且不需从上下模之间取件清废的冲压工序。模具防护罩（板）的形式有很多，主要包括固定式、折叠式、弹簧式等。

①固定式防护栅栏：它固定在凹模上，由钢丝网或圆钢管或开缝的金属板制成，从正面和两个侧面将模具的危险区域封闭起来。栅栏的缝必须竖直开设，在栅栏的两侧或前侧开有供进出料的间隙。

②折叠式防护罩：这种防护罩装在凸模上，在滑块处于上死点时，环形叠片与下模之间仅留出可供坯料进出的间隙；滑块下行时，防护罩轻轻压在坯料上面，并使塔型叠片依次折叠起来。

③塔型弹簧防护罩：塔型弹簧作为防护栅栏，固定在下模上，

滑块下行时，弹簧被压缩；在上死点时，自由状态下相邻弹簧两圈的间隙小于 8 毫米，使得操作者的手指无法进入。

2）模具上进出料机构。

①溜槽滑动送料装置：使用倾斜的溜槽，靠加工件自重，使工件沿导向板滑进模具内。这种装置的缺点是定料不可靠。

②推动式料仓送进装置：把溜槽装置设置成水平形式，利用手工工具、机械或气动等动力形式，把工件一个个按顺序强行地推进模具里。这种装置简单有效，应用广泛。

③抽出模具手工送料装置：将下模沿溜槽滑倒抽出来，把工件放进模具定位后，再把下模推进去。模具的前后移动，可用人力、机械力或气动力，适用于小件加工。

（2）冲压设备的防护装置

1）机械式防护装置。

①推手式保护装置：它是一种与滑块连动的机械式保护装置。当滑块向下运动时，固定在曲轴上的挡板由里向外运动，挡住下模口的危险区；若此时手还在危险区内，则手被推出。缺点是击手会导致疼痛。

②拉手安全装置：它是一种由滑轮、杠杆、绳索等部件组成，将操作者的手动作与滑块运动联动的安全装置。冲床工作时，滑块下行，带动套在操作者手臂上的软绳，将手拉出危险区。

2）控制式安全装置。主要有双手按钮式、光电式、感应式、磁控式、电容式等形式，现在还在使用的仅限前两种。

①双手按钮式保护装置：这是一种只有操作者的双手同时按下两个按钮时，滑块才运动的保护装置。当滑块达到下死点前，

若中途放开任意一个开关，滑块就会停止运动。这种装置结构简单、安全可靠。在较大吨位的冲床上，由于冲床本身的行程频率低，对生产率的影响不太明显，效果尚可；但在频率较高的小吨位冲床上，往往因操作太麻烦而被弃之不用。

②光电式安全装置：其原理是用投光器和受光器形成一束或多束光栅，将操作者与危险区隔离开来。若操作者身体的一部分进入危险区，则光线被遮断，发出电信号，此电信号经放大后与滑块控制线路相联锁，使滑块停止运行。

目前的光电式安全装置一般采用调制式红外发光二极管作光源，在大型冲床上则采用红外激光二极管。其电路具有复杂可靠的自检自保功能。光电式安全装置的优点是操作人员无障碍感，无约束感，使用寿命长，但其价格往往比较高昂。

（3）手用安全工具

为了避免用手直接伸入上下模口之间装拆制件和清理废料，需要使用手用安全工具。采用手用安全工具，可以代替人手完成送料、卸料及取件的工作，从而防止操作者的手伸入模具的危险区。

设计和选用手用工具时必须注意的是，手用工具的工作部位必须与一定形状的坯料相符，并能迅速地钳（或吸）住坯件，能够顺利、准确地把坯件放入下模中；手用工具应尽可能采用软性、弹性材料制作，以防造成冲床的设备事故；手持柄部应适合操作者握持，并有防止手柄向前握或向前滑移的措施。

手用工具一般有夹子、镊子、钳子、安全钩、磁力吸盘、真空吸盘等。

61. 冲压作业现场有哪些安全操作规范和要求?

（1）作业行程规范

作业行程规范是指操作人员作业时，冲床应采取的行程方式。行程规范对于安全、质量、设备和效率都有很大影响。就安全性而言，连续行程时，由于滑块速度较快，作业比较紧张，容易发生事故，不如单次行程安全。但是，如果不需要手入模区或有可靠的安全防护措施，能够保障操作者的人身安全时，则可考虑采用连续行程。制定行程规范的一般原则如下：

1）开式冲床进行单件送料时，采用单次行程。

2）闭式冲床尽量采用连续行程，但是在制件尺寸较大且操作复杂的工序中，为保护质量仍应规定采用单次行程。对于那些已采取可靠安全措施、作业并不十分复杂的工序，可以采用连续的规范。

3）无论是连续行程规范还是单次行程规范，凡手入模区操作的工序都应配备保障人身安全的防护装置，绝不能把单次行程作为唯一的安全措施。

（2）操作的安全要点

操作要点是冲压工人生产经验的总结，主要内容应由操作人员根据作业的具体情况讨论决定。总结整理冲压操作的安全要点，对于改变冲压工人存在的不合理劳动习惯和操作方法，把冲压操作规范化，具有重要的意义。

操作的安全要点要用简洁的文字在工艺文件中进行描述。从安全角度出发，各项操作本身是否存在危险，各项操作之间有无人员动作的协调配合，应该配备什么样的安全器具，都是安全操作的主要内容，工艺文件中应加以说明。

（3）作业环境的要求

工厂应为操作者创造和提供生理和心理上的良好作业环境，车间的温度、通风、照度和噪声等条件应符合劳动卫生要求。

62. 冲压工的安全技术操作规范有哪些？

（1）通用规范

1）压力机操作工、冲模安装调整工以及压力机的维修人员，在进入车间工作前 4 小时不得酗酒；工厂发现有醉酒者，不得让其进入车间，或令其停止工作并离开车间。

2）工厂应该统一发放适用的工作服、工作鞋和工作帽。生产工人和辅助工人工作前应按规定穿戴好工作服、工作鞋和工作帽，不得穿凉鞋、拖鞋或赤脚进入车间，工作时不得穿高跟鞋；女工的发辫不应露在工作帽外。

3）剪切工、冲压工和其他有关工人，工作时必须戴好防护手套。

4）工作前应仔细检查工位是否布置妥当，工作区域有无异物以及设备和机具的状况等，在确认无误后方可工作或启动设备；启动设备后应将设备空运转 1~3 分钟，严禁操纵有故障的设备。

5）一台设备由多人操作时，必须使用多人操作按钮进行工作。设备运转时，操作者不许与他人直接或间接闲谈。

6）严禁手或手臂伸入冲模内放置或取出工件。在冲模内取放工件必须使用手用工具。采用手持电磁吸盘必须符合《压力机用手持电磁吸盘　技术条件》（GB/T 5093—2009）。

7）冲模安装调整、设备检修以及需要停机排除各种故障时，都必须在设备启动开关旁挂警告牌。警告牌的色调、字体必须醒目易见，必要时应有人监护开关。

（2）冲压作业安全禁令

1）严禁非冲压工擅自操作冲压式压力机。

2）严禁手及身体其他部位进入模区。

3）启用光电安全装置时，严禁使用连续挡。

4）安全防护装置不完好时，必须停止作业。

5）严禁违章使用或不使用安全辅助工具。

6）脚踏电气开关必须配置防护罩。

7）液压压力机严禁违章使用电气连动。

8）遇有故障必须停机（断电）排除。

63. 维护保养压力机时，应注意哪些操作规范？

（1）压力机的使用与检验

1）单点压力机在偏心载荷作用下会使滑块承受附加力矩，因而在滑块和导轨之间产生阻力矩。附加力矩使滑块倾斜，加快了滑块与导轨间的不均匀磨损。因此，进行偏心负荷较大的冲压加工时，应避免使用单点压力机，而应使用双点压力机。双点压力机在承受偏心负荷时不产生附加力矩。

2）压力机各活动连接处的间隙不能太大，否则将降低精度。

3）压力机的离合器、制动器是确保压力机安全运转的重要部件。离合器、制动器发生故障，必然会导致大的事故发生。因此，操作者必须充分了解所使用的压力机的离合器、制动器的结构，而且，每天开机前都要试车检查离合器、制动器的动作是否准确、灵活、可靠。气动摩擦离合器、制动器使用的压缩空气必须达到要求的压力标准，如压力不足，对离合器而言，将导致传递转矩不足；对制动器而言，将导致摩擦盘脱离不准确，造成发热和磨损加剧。

4）应在每次更换模具后，根据模具的质量调整滑块平衡装置，保证平衡效果。

（2）压力机的维护保养

为了延长压力机的使用寿命，确保压力机的精度，使用者必须正确维护保养压力机，其维护保养方法如下。

1）开始工作前：

①收拾工作地点，将压力机上及压力机附近与工作无关的物件收拾干净，并将工件及毛料摆放合适；

②检查压力机摩擦部分及润滑部分有无磨损现象，油杯应灌满润滑油；

③检查冲模安装是否准确可靠，刃口有无裂纹、凹痕及缺口现象；

④一定要在离合器脱开后，才可以开动电动机；

⑤试验制动器、离合器、操纵器各部分的动作是否合适、灵活、准确可靠，并做几次空行程试冲无误后，再开始正常工作；

⑥准备好工作中所需要的工具。

2）工作期间：

①定时用手转动各部位的油杯，注满润滑油；

②不应同时冲裁两块板料；

③随时将工作台上的冲压件、飞边废料清除下去，清除时要用钩子或刷子等专用工具，严禁用手清除；

④做浅拉深时，注意材料清洁，并加润滑油；

⑤发现压力机工作不正常时，如滑块下落、有不正常的冲击声、成品有毛刺等，应立即停止工作，关闭电源，寻找故障，妥善处理后再工作。

3）工作完毕后：

①使离合器脱开；

②关闭电源；

③清除工作台上的杂物；

④擦净压力机及冲模油污，并在冲模与压力机上涂保护防锈油。

第5章 电气和火灾爆炸事故工伤预防知识

64. 机械加工过程中容易引发火灾爆炸事故的工艺有哪些?

（1）焊接

焊接是通过加热或加压（或者两者并用），采用或不用填充材料，使焊接接头处达到原子结合的一种加工方法。按照焊接过程中金属所处的状态不同，可以把焊接方法分为熔焊（熔化焊）、压焊和钎焊三种类型。在焊接过程中，由于要实现原子级的结合，所以通常都需要加热过程来完成焊接操作。依据焊接方式的不同，有些会用到电加热，有些会用到氢气、丙烷、甲烷等易燃易爆气体，操作稍有不慎就会引发火灾甚至爆炸。

（2）热切割

按照加热能源的不同，金属热切割大致可分为气体火焰的热切割、气体放电的热切割和束流的热切割三种。生活中常用到的切割技术有气割、氧气电弧切割、激光切割、电子束切割等。由于切割过程中会使用到易燃易爆气体，同时会释放大量的热，因此极易引发火灾、爆炸。

（3）电火花加工

电火花加工是依靠脉冲放电所产生的电腐蚀来完成零件加工的。电极裸露部分的电压一般为100~300伏（远远超过安全电压36伏），脉冲放电时，会产生一定强度的高频电磁辐射，对人体会产生一定的影响。同时，电火花加工时所使用的工作液会在常温和放电时产生乙炔、甲烷、一氧化碳等有毒有害气体和大量的油雾烟气，遇到明火容易发生火灾和爆炸事故。

（4）热处理

热处理工艺主要是使金属零件在不改变外形的条件下，改变金属的性质（硬度、韧性、弹性、导电性等），达到工艺上所要求的性能，从而提高产品质量。热处理包括退火、回火、正火、淬火、渗碳等基本过程，易引发火灾、爆炸事故。

（5）铸造

铸造是将熔融金属浇注、压射或吸入铸型型腔中，待其凝固后而得到一定形状和性能铸件的方法，也易引发火灾、爆炸事故。

65. 机械加工过程中预防火灾爆炸的基本思路是什么?

（1）消除可燃物

消除生产场所内的可燃物是防火防爆的根本方法，也可以说是一种本质安全的措施。一般可以采取以下方法消除可燃物：

1）用不燃物或难燃物质替代可燃物。

2）改进工艺和设备，避免使用可燃物质。

3）对于遇水燃烧物质，应妥善保存，防止其与水接触或受潮而产生可燃气体。

4）及时清除并安全地处理可燃性的污垢和杂质。

5）存放可燃物料的容器在报废或对其进行动火时，应根据其理化特性选择适当的清洗方法对残留的可燃物料进行清洗。

6）防止由于误用等原因将可燃物引入生产场所。

（2）防止形成燃爆性混合物

对于需要使用或不可避免会产生可燃物的场所，要尽可能采取有效措施防止助燃物与可燃物接触或混合形成燃爆性混合物。一般采用密闭设备、加强通风、应用惰性气体、置换动火和带压不置换动火等方式，防止燃爆性混合物的形成。

（3）火源的控制

火源是发生燃爆事故的能量因素。火源的具体形式种类也比较多，常见的火源有明火、高温、摩擦和冲击、绝热压缩、自行发热和电火花等。控制火源时应综合考虑各方面因素，尽量避免各种形式火源的产生。

66. 电火花机床操作的防火防爆安全规范有哪些?

（1）添加工作液时，不得混入类似汽油之类的易燃易爆液体，防止火花引起燃烧和爆炸。工作液箱液面必须符合要求，循环必须畅通，油温必须控制在安全范围内。

（2）放电加工时，工作液面要求高于工件上平面 30~100 毫米，如果液面过低，很容易引起火灾。

（3）工作液必须保持干净、清洁，对多次使用的工作液，应及时进行过滤、添加，污染严重的应整体更换。

（4）电火花加工工作场地必须设有油烟、油雾的排风换气装置，以保持室内空气流通良好、清洁。

（5）电火花机床周围必须严禁烟火，每一台机床必须配有灭火装置，在有条件的情况下，可配置具有烟雾、火光、温度感应装置的自动灭火装置。注意一定要配置与油类火灾相匹配的灭火剂（如二氧化碳、四氯化碳）的灭火装置。若发生火灾，应立即切断电源，赶快进行灭火，防止火情扩大。

（6）电火花工作场地必须配置专门安全防火人员，实行定人、定岗、定责，定期检查工作场地的消防器材是否符合使用要求。对于加工用时较长的零件，必须注意换班值守，切不可无人值守。

67. 焊割作业中引发火灾爆炸的原因有哪些?

（1）焊割作业点附近堆放可燃、易燃物料，且距离小于 10 米。飞溅的火花、熔融金属的熔渣的颗粒，点燃可燃及易燃物件而引起火灾。

（2）焊接未清洗的油缸和油管，带有气压的锅炉、储气罐及其附件，在有易燃气体的房内焊接，均可造成爆炸事故。

（3）弧焊机的软线长期拖拉，使绝缘破坏，或弧焊机本身绝缘损坏发生短路而发热造成火灾。

（4）弧焊机长期超负荷使用，在导线中通过的电流超过该导线截面规定的允许电流，从而在导线中产生较多的热量而又来不及全部散发掉，导致导线绝缘发热燃烧，并引燃附近易燃物造成火灾。

（5）弧焊机回线（地线）乱接乱搭或电线接电线，以及电线与开关、电灯等设备连接处的接头不良，接触电阻增大。在一定的电流下，有较大接触电阻的线段就会强烈发热，使温度升高引起导线的绝缘层燃烧，导致附近易燃物起火。

（6）闸刀开关的刀片接触不良或开关与线路连接松弛，容易造成较大的接触电阻，使闸刀和线熔化，引起火灾；三相闸刀开关有一相刀片失效，使电路形成单相运行，导致电流增大，引起线路过负荷发生火灾；拉合开关时，打出火花或产生弧光，引起附近可燃物或可燃气体、蒸汽等燃爆性混合物爆炸。

（7）熔丝使用不当，不能及时切断短路电流，此种情况造成的火灾是比较常见的。

（8）插座使用不当，导电粉尘掉入插座内形成短路；将可燃物堆放在插座上；插入拔出插头时产生火花；违反操作规程，不用插头，而将弧焊机裸线头插入插座，造成短路或产生火花引起燃烧或爆炸事故等。

（9）通风不好、散热不良等造成弧焊机过热；弧焊变压器的铁心绝缘损坏或长时间过电压，使涡流损耗和磁滞损耗增加而引起过热等。

（10）乙炔在常压下，当温度超过 580 ℃时，能引起燃烧和爆炸。

（11）使用乙炔发生器，在操作或装卸电石时，发生器内混进了氧气或空气，引起乙炔发生器爆炸。

（12）车辆搬运氧气瓶时，因没用减震装置或橡胶车轮的专用小车进行搬运，引起氧气瓶爆炸。

（13）氧气瓶与用电设备一起置于铁板地面上，使瓶体带电，引起氧气瓶爆炸。

（14）氧–乙炔焊、割炬射吸作用失效。当氧气倒流至乙炔胶管，造成回火爆炸。

（15）操作者穿戴和使用沾有各种油脂或油污的工作服、手套和工具去接触氧气瓶及其附件，引起燃烧甚至爆炸。

（16）冬季氧气出口处出现冻结现象，用明火加热或用红热铁块烤烘，引起燃烧与爆炸。

（17）焊割工作完毕后未及时清理、检查现场及彻底消除火种，匆匆离开现场，引起燃烧或导致爆炸。

68. 焊割作业中的常用灭火措施有哪些?

（1）焊割作业地点应备有足够数量的灭火器、清水及黄沙等消防器材和物资。

（2）如发现焊割设备有漏气现象，应立即停止工作并检查、消除漏气。当气体导管漏气着火时，首先应将焊割炬的火焰熄灭，并立即关闭阀门，用灭火器、湿布、石棉布等扑灭燃烧气体。

（3）乙炔气瓶口着火时，设法立即关闭瓶阀，气体停止流出，火即熄灭。

（4）当电石桶或乙炔发生器内电石发生燃烧时，应设法停止供水并与水隔离，再用干粉灭火器等灭火，禁止用水灭火。

（5）乙炔气燃烧可用二氧化碳、干粉灭火器扑灭，乙炔瓶内丙酮流出燃烧可用泡沫、干粉、二氧化碳灭火器等扑灭。如气瓶库发生火灾或邻近发生火灾威胁气瓶库时，应采取安全措施，将气瓶移到安全场所。

（6）一般可燃物着火可用酸碱灭火器或清水灭火，油类着火可用泡沫、二氧化碳或干粉灭火器扑灭。

（7）电焊机着火应首先拉闸断电，然后再灭火。在未断电前不能用水或泡沫灭火器灭火，只能用二氧化碳、干粉灭火器灭火（因为水和泡沫灭火时液体能导电，容易触电伤人）。

（8）发生火警或爆炸事故，必须立即向当地消防救援部门报警，并根据“四不放过”原则的要求认真查清事故原因，严肃处理事故责任者，直至追究刑事责任。

相关链接

“四不放过”原则是在调查、处理事故时，对事故原因分析、事故责任处理、事故责任者和群众的教育以及事故防范措施四个方面提出的严格要求，这些要求也正是我们进行事故调查和处理的真正目的所在。

“四不放过”原则的第一层含义是要求在调查、处理事故时，首先要把事故原因分析清楚，找出导致事故发生的真正原因，不能敷衍了事，不能在尚未找到事故主要原因时就轻易下结论，也不能把次要原因当成真正原因。未找到真正原因决不轻易放过，只有找到事故发生的真正原因，并搞清各因素之间的因果关系才算达到事故原因分析的目的。

“四不放过”原则的第二层和第三层含义是要求在调查、处理事故时，不能认为原因分析清楚了就算完成任务了，有关责任人员还必须依法得到处理，并且必须使事故责任者和广大群众了解事故发生的原因及所造成的危害，并深刻认识到其严重性，使大家从事故中吸取教训，在今后工作中更加重视遵章守制，安全生产。

“四不放过”原则的第四层含义是要求在调查、处理事故时，必须针对事故发生的原因，提出防止相同或类似事故发生的切实可行的预防措施，并督促事故发生单位付诸实施。只有这样，才算达到了事故调查和处理的最终目的。

69. 铸造作业中的防火措施有哪些?

（1）高温熔炼炉及其烟囱散热罩，不准接近可燃物，通过房顶处应拆除其附近的可燃部分，并嵌以隔热铁板。

（2）安装高温熔炼炉的地方，建筑材料应采用水泥、各种砖或钢结构。熔炼炉烟囱超过房顶时，烟囱上应安放火花捕集器。熔铜炉、平炉应有散热罩。

（3）铸造车间内应保持清洁，木柴、刨花、稻草等可燃物尽量不要堆放在车间内，以防其被烤燃或被落上火星引燃。

（4）铸造车间附近不能有易燃建筑及堆放易燃物，防止落上火星引燃。

（5）铸件的成品、废品尚未冷却时，不得靠近可燃物。

（6）熔炼镁合金应有覆盖剂，处理球墨铸铁应有安全和通风装置，以免镁与空气接触发生剧烈燃烧。

（7）浇剩下的合金液和高温炉渣，要倒在指定的安全地点，不能乱倒。

（8）高温熔炼炉附近的电线必须是钢管暗线，防止电线长期烘烤失去绝缘作用。

（9）离心浇注机必须有较好的防护罩，以防铁液飞溅，引燃可燃物。

（10）盛合金液的容器及处理合金液用的工具，使用前必须烘干、预热。

（11）用煤气作燃料的炉窑，在点火前先通风3~5分钟，排除炉内残余煤气，然后用点火管点火。严禁先放煤气后点火。

（12）若车间有易燃易爆材料，如乙醇、甲苯、丙酮、环氧树脂、赤磷等，要远离火源，放于阴凉通风的地方，并有专人保管，严格规定领取制度。

（13）在工作场所要附设灭火器、干砂等消防装置，一旦发生火灾，应马上抢救，并立即报告消防救援部门。

70. 铸造作业中的防爆措施有哪些?

铸造生产中气体突然膨胀，会引起爆炸，熔融合金飞溅也会引起爆炸或烫伤事故等。应采取的预防措施有:

（1）混制含易燃、易爆材料的造型材料和采用树脂等有机黏结剂及附加物的砂铸型浇注、冷却、落砂过程中，为避免发生火灾和爆炸事故，应严格将可燃气体（蒸汽、粉尘）的浓度控制在爆炸下限以下。在制定安全生产操作规程时，应根据可燃气体（蒸汽、粉尘）的燃爆危险性和其他理化性质，采取相应的防范措施，如通风、置换、惰性气体稀释、检测报警等。

（2）地坑造型时，要求砂型底部离地下水位线不少于 1.5 米，并做好砂床的排气孔道。

（3）用煤气作燃料的炉窑，在点火前先通风 3~5 分钟，排除炉内残余煤气，然后用点火管点火。严禁先放煤气后点火。

（4）加料前，炉料必须详细检查，防止雷管炸药或中空封闭物混入炉内，引起爆炸。

（5）冲天炉炉底、感应炉炉衬不得有裂纹，以避免漏底、漏炉事故。

（6）冲天炉风口需装窥视孔，停风时打开窥视孔送风 5~6 秒，再关上窥视孔。

（7）保持熔炼工作地周围干燥，炉前地坑内不得有水。

（8）接触液态金属的工具、取样勺等，预热后再用。往液态合金中加的炉料，加入前也需预热。

（9）熔炼炉用冷却水应防止与合金液接触。

（10）冲天炉打炉时，炉底下应放上干砂，周围 5 米内不得有人。

（11）检查浇包及电炉的倾斜装置的灵活性和自锁能力，达到有效控制合金液倾注流速的效果。

（12）检查浇包各部应完好无损；浇包使用前必须烘干；底注包应注意塞头和塞座接触的严密性，避免发生漏包。

（13）浇包装载合金液不宜过满，一般要求吊包合金液距包口平面 250 毫米左右，抬包 120 毫米左右，端包 100 毫米左右。

（14）浇注场地不得有积水，应避免合金液直接滴落在水泥地面上。

（15）浇注过程中应及时引气燃烧。

（16）浇注过程中不准直视冒口内合金液，以防突然喷溅伤害。

（17）浇注大型铸件应准备泥塞杆，随时可以堵塞浇注跑火。

（18）刷涂底漆用涂料、稀释剂等距明火源不得少于 10 米。

（19）铸件耐压试验一般用水作介质。如必须做气密性试验，应在装有安全可靠的防护装置下进行。

（20）浇注车间必须配备充足、完善的灭火设备，发生火灾后能及时消灭或控制火情。

血的教训

2012 年，辽宁省某铸钢厂在浇注水轮机转轮下环过程中发生爆炸事故，造成 13 人死亡，17 人受伤，直接经济损失 3 224 万元。

经事故调查组调查，由于生产车间内地坑渗水，导致砂床底部积水过多。当大量高温钢水短时间内注入砂型，砂床底部积水迅速汽化，蒸汽急剧膨胀，压力骤增，导致爆炸发生，将里芯、压铁及废砂向上喷起，钢水向周围喷溅，导致当时数十人重伤及死亡。

71. 热处理作业中的防火防爆操作规范有哪些?

（1）淬火作业

1）淬火天车应保持完好状态，并应有备用电源，以防热工件在半浸油状态时天车突然停止，使淬火油被引燃发生火灾。

2）淬火操作时必须将工件及吊具迅速、全部浸入油中，隔绝氧气。

3）油槽要有足够的容积，装入的油量不能太多，通常为油槽容积的 70%。溢油孔的位置不宜太高，一般应低于油槽上端 150 毫米。

4）最好在油槽内安装可测量水量的检测器。

5）为防止油温升高，油槽应采用蛇形冷却水管或外部热交换器。

6）油槽应备有可有效隔绝空气的盖或罩。一旦着火可迅速盖住，防止火势扩大。

7）在工艺许可的条件下，尽量采用闪点较高的淬火油。

（2）回火作业

1）应选择闪点高的油。油的闪点至少应比工作温度高 50 ℃以上。

2）油炉必须配备可靠的自动控温仪表及超温报警装置和主回路电源自动切断装置。

3）严禁把带水的工件装入油炉内。

4）认真控制装炉量，以防超载后热油溢出。

5）平时注意查看油炉内的油耗是否正常，如油耗过大，则可能有渗漏。应及时采取措施，消除隐患。

（3）清洗作业

1）有机清洗剂应采用金属容器密封，保存在通风良好、温度较低的独立房间，并不得与爆炸物、自燃物同室存放。防曝晒、撞击，严禁烟火。

2）严格控制使用量。在清洗工件的现场严禁有各种火源（明火、电火花等）和热源（白炽灯、灼热工件等），并应具有良好的通风条件。

3）清洗现场要有足够的消防器材，一旦起火应立即用二氧化碳、泡沫、干粉及 1211 灭火器灭火，绝不能用水扑救。

4）工艺条件允许的前提下用水溶性清洗剂代替易燃的有机清洗剂。

（4）燃料的储存、管理

1）重油储罐和消耗油罐应放在车间以外具有防火设施的房间，并设置储油池与消耗油罐相连，如遇火灾，可立即把油排出。

2）重油在管道中流动时会产生静电。为消除因静电产生火花而引起燃烧、爆炸，排油管和构架必须接地。

3）输油、气管道要有良好密封，并设有总闸门、分闸门，发现泄漏或起火应及时关闭。

4）管道应安装压力调节器、压力继电器、自动截止阀和报警器，遇压力反常，可自动截断燃料供应并报警。

5）燃料炉应设有火焰逆止器，以防止回火。

6）严格执行操作规程，防止在炉内形成爆炸性的混合气体。

7）车间要配置足够的防火器材。

（5）渗剂和可控气氛原料的管理

1）应储存于阴凉通风的房间，严禁火种和热源，不允许和氧化剂、酸类接触，否则可能发生剧烈氧化反应，释放大量热能，使可燃液体或气体温度升高到自燃点，引起火灾或爆炸。

2）储存的容器及管道必须严加密封，保证无泄漏。

3）渗碳炉、气氛保护炉等设备要有良好的密封性。炉中排出的废气要充分燃烧后再排放至大气中。

4）气氛保护炉的管路系统中必须安装火焰逆止器。

5）工作现场要有良好的通风条件。

72. 机械加工过程中预防电气事故的基本思路是什么？

（1）隔离和间距

隔离是将电气设备分室安装，并在隔墙上采取封堵措施，以防止爆炸性混合物进入。间距是指安全间隔距离，即各用电设备应按规定的安全间隔距离进行设置。

为了防止电火花或危险温度引起电气火灾，开关、插销、熔断器、电热器具、照明器具、电焊设备和电动机等电气设备均应根据要求，适当避开易燃物或易燃建筑构件；起重机滑触线的下方不应堆放易燃物品。

（2）消除引燃源

为了防止出现电气引燃源，应根据爆炸危险环境的特征和危险物的级别、组别选用电气设备的电气线路，并保持电气设备的电气线路安全运行。安全运行包括电流、电压、温升和温度等参数不超过允许范围，还包括绝缘良好、连接和接触良好、整体完好无损、清洁、标识清晰等。

（3）接地和接零

在爆炸危险环境中，除生产上有特殊的要求外，一般环境不要求接地（或接零）的部分仍应接地（或接零）。此外，必须将所有设备的金属部分、金属管道及建筑物的金属结构全部接地（或接零），并连接形成连续整体，以保持电流途径不中断。

（4）静电防护

接地是消除静电危害最常见的方法，主要用于消除导体上的静电。金属导体应直接接地；凡用来加工、储存、运输各种易燃液体、易燃气体和粉体的设备都必须接地。除此之外，还可以考虑应用工艺控制、增加湿度、添加抗静电添加剂、使用静电中和器等方式进行静电防护。

73. 机械加工过程中应遵循的安全用电措施有哪些?

（1）电气设备的安装应符合《电气装置安装工程　接地装置施工及验收规范》（GB 50169—2016）的要求，电动机应采用封闭型，导线应穿管敷设，开关和配电箱等电气设备均应设防护装置。

（2）合理选择导线和熔体。因为电流通过导线时不允许过热，所以导线的额定电流应比实际输电的电流要大一些。熔体是作短路保护用的，要求在电路发生短路时能迅速熔断，所以不能选额定电流很大的熔体来保护小电流电路，否则起不到保护作用；但也不能用额定流很小的熔体来保护大电流电路，这样会使电路无法正常工作。

（3）电气设备要有一定的绝缘电阻。电气设备的金属外壳和通电线圈之间，必须要有一定的绝缘电阻，否则，当人体触及正在工作的电气设备金属外壳时就会触电。通常要求固定电气设备的绝缘电阻不低于1兆欧；可移动的电气设备的绝缘电阻还应再高一些。在使用移动电具前应检查插头、引线及开关是否完好，并戴好绝缘手套，调换钻头时应先拔下插头。

（4）电气设备的安装要正确。电气设备要根据安装说明进行安装，带电部分应有防护罩。工作人员安全操作的工具主要有绝缘手套、鞋，绝缘钳、棒和垫等。相（火）线必须进开关。

（5）电气设备的保护接地和保护接零。正常情况下，电气设备的金属外壳应该是不带电的，但在绝缘损坏而漏电时，其金属外壳就会带电。为了保护人体触及漏电设备的金属外壳时不会触电，通常都采用保护接地或保护接零的安全措施。

（6）任何电气设备在确认无电之前，一律都应认为其有电，不要随便接触电气设备。

（7）尽量避免带电操作，手湿时更应避免带电操作。在做必要的带电操作时，应带好绝缘工具，尽量用一只手工作，同时最好有人监护。

（8）不损伤电线，也不乱拉电线。若发现电线、插头、插座有损伤，必须及时更换。对裸露的带电接头，必须及时用绝缘物包好并放置到人体不易碰到的地方。

（9）当有多人进行电工作业时，应于接通电源前通知他人。不盲目信赖开关或控制装置，只有拔下电器的插头才是最安全的。

74. 电火花机床操作的用电安全规范有哪些？

（1）电火花机床必须进行安全接地，使电源箱的外壳、床身以及其他设备可靠接地，以防止电器设备和绝缘损坏而发生触电事故。

（2）操作人员必须站在耐压 20 千伏以上的绝缘橡胶垫上进行操作，加工过程中操作者不可触及工具电极和工件。操作人员不得擅离职守，必须在电火花机床工作过程中进行仔细观察，对出现的各种情况进行及时处置，防止安全事故和质量事故的发生。

（3）应经常保持机床电器设备的清洁，防止受潮，以免绝缘强度降低而影响机床的正常工作和引起触电事故。若机床、电器、电线的绝缘损坏（击穿）或绝缘性能不好而引起漏电时，机床外壳会带电，若没有采取有效的安全措施，轻则被电麻，重则有生命危险。因此，对电火花机床必须安装短路、漏电保护等安全用电装置。

（4）电火花机床的电器设备必须有专人管理，其他人员切不可擅自乱动。

（5）为防止安全事故发生，必须严格按照安全用电规范操作。

（6）加工完毕后，随即关闭电源，收拾好工、夹、量具等，将机床和场地清扫干净。

75. 焊割作业中防止人体触电的措施有哪些？

（1）隔离防护

弧焊设备应有良好的隔离防护装置，避免人与带电导体接触。

弧焊机的接线端应在防护罩内。有插销孔接头的设备，插销孔的导体应隐蔽在绝缘板平面内。弧焊机的电源线应设置在靠墙壁不易接触处，且电源线长度一般不应超过 2~3 米。如临时需要使用较长的电源线时，应架空高 2.5 米以上，不应将其拖在地面。各弧焊机、设备间及弧焊机与墙间至少应留 1 米宽的通道。

（2）良好的绝缘

弧焊设备和线路带电导体，对地、对外壳间，或相与相、线与线间都必须有良好的符合标准的绝缘，绝缘电阻不得小于 1 兆欧。

（3）安装自动断电装置

在弧焊机上安装自动断电装置，使弧焊机引弧时电源开关自动合闸，停止焊接时电源开关自动跳开以保证焊工在更换焊条时的安全。

（4）加强个人防护

焊工应穿戴符合标准的工作服、绝缘手套和鞋等。更换焊条或焊丝时，必须使用手套，手套应保持干燥、绝缘可靠。在潮湿环境操作时，应使用绝缘橡胶衬垫。特别是夏天天气炎热，由于身体出汗后工作服潮湿，因此身体不得靠在焊件上。

（5）保护接地或保护接零系统要牢靠

保护接地或保护接零可以保证人体接触漏电设备的金属外壳时不发生触电事故。保护接地的作用在于用导线将弧焊机外壳与大地连接起来，当外壳漏电时，外壳对地形成一条良好的电流通路，当人体碰到外壳时，相对电压就大大降低，从而达到防止触电的目的。

76. 停电检修时应注意哪些安全事项?

（1）检修工作中，如人体与 10 千伏及 10 千伏以下的设备带电体之间的距离小于 0.35 米时，或人体距 20~30 千伏设备带电体小于 0.6 米时，该设备应当停电；如距离大于上述数值，但分别小于 0.7 米和 1 米，则应设遮栏，否则也应停电。

（2）检修过程中，所有能给检修部位送电的线路均应停电，并采取防止误闭合开关的措施，而且每处线路至少应有一个明显可见的断开点。

（3）对于多回路的控制线路，应注意防止其他方面突然来电，特别应注意防止低压方面的反送电。因此，停电时应将有关变压器及电压互感器的高压边和低压边都断开。对于柱上变压器，应取下跌开式熔断器的熔丝管。对于运行中的工作零线，应视为带

电体，并与相线采取同样的安全措施。

（4）停电操作顺序必须正确。对于低压断路器或接触器与刀开关串联安装的开关组，停电时应先拉开低压断路器或接触器，后拉开刀开关；送电时操作顺序相反。对于高压操作，停电时应先拉开断路器，后拉开隔离开关；送电时操作顺序相反。如果断路器的电源侧和负荷侧都装有隔离开关，停电操作时拉开断路器之后，应先拉开负荷侧隔离开关，后拉开电源侧隔离开关；送电时应依次合上电源侧隔离开关、负荷侧隔离开关、断路器。

77. 什么是职业健康?

职业健康又被称为职业卫生、劳动卫生等。目前，劳动卫生、职业卫生、职业健康等叫法并存，但是其基本内涵是相同的。在国家标准《职业安全卫生术语》(GB/T 15236—2008)中，将职业卫生定义为：以职工的健康在职业活动过程中免受有害因素侵害为目的的工作领域及在法律、技术、设备、组织制度和教育等方面所采取的相应措施。

职业卫生主要是研究劳动条件对劳动者健康的影响，目的是创造适合人体生理要求的作业条件，研究如何使工作适合于人，又使每个人适合于自己的工作，使劳动者在身体、精神、心理和社会福利等方面处于最佳状态。

相关链接

国际劳工组织和世界卫生组织提出：职业卫生旨在促进和维持所有劳动者在身体和精神幸福上的最高质量，防止劳动者发生由工作环境所引起的各种有害于健康的情况，保护劳动者在就业期间免遭由不利于健康的因素所产生的危险，使劳动者置身于一个能适应其生理和心理特征的职业环境之中。总之，要使每个人都能适应于自己的工作。

78. 机械加工常见的职业病危害因素有哪些？

机械加工中常见的职业病危害因素主要包括以下几个方面。

（1）生产性粉尘

机械加工中的主要粉尘作业是铸造。在型砂配制、制型、落砂、清砂等过程中，都可使粉尘飞扬，特别是用喷砂工艺修整铸件时，粉尘浓度很高，所用的石英危害较大。在机械加工过程中，对金属零件的磨光与抛光可产生金属和矿物性粉尘，会引起磨工尘肺。电焊时焊药、焊条芯及被焊接的材料，在高温下蒸发产生大量的电焊粉尘和有害气体，长期吸入较高浓度的电焊粉尘可引起电焊工尘肺。

（2）高温、辐射热

机械制造的高温和辐射热主要发生在铸造、锻造和热处理等过程中。铸造车间的熔炉、干燥炉、熔化的金属、热铸件，锻造及热处理车间的加热炉和炽热的设备金属部件都会产生强烈的热

辐射，形成高温环境，严重时会引发中暑。

（3）有害气体

熔炼炉和加热炉均可产生一氧化碳和二氧化碳，加料口处的浓度往往很高；用酚醛树脂等作黏合剂时产生甲醛和氨；黄铜熔炼时产生氧化锌烟，引起“铸造热”；热处理时可产生有机溶剂蒸气，如苯、甲苯、甲醇等；电镀时可产生铬酸雾、镍酸雾、硫酸雾及氰化氢；电焊时可产生一氧化碳和氮氧化物；喷漆时可产生苯、甲苯及二甲苯蒸气。

（4）噪声、振动和紫外线

机械加工过程中，使用砂型捣固机、风动工具、锻锤、砂轮磨光、铆钉等，均可产生强烈的噪声或振动；电焊、气焊、亚弧焊及等离子焊接产生的紫外线，如防护不当均可引起电光性眼炎。

（5）重体力劳动和飞溅物质等

在机械化程度较差的企业，浇铸、落砂、手工锻造等都是较繁重的体力劳动，即使使用气锤或水压机，由于需要变换工件的位置和方向，体力劳动强度也很大。同时，要在高温下作业，易引起体温调节和心血管系统功能的改变。铸造和锻造作业的外伤及烫伤率较高，多是由于铁水、钢水、铁屑、铁渣飞溅所致。另外，金属切削过程中使用的冷却液对劳动者的皮肤也有一定的危害。

79. 生产性粉尘危害的防护原则是什么?

粉尘环境作业的劳动防护管理应采取三级预防原则。

（1）一级预防

一级预防措施主要包括：综合防尘；尽可能采用不含或含游离二氧化硅低的材料代替含游离二氧化硅高的材料；在工艺要求

许可的条件下，尽可能采用湿式作业；使用个人防尘用品，做好个人防护。

对作业环境的粉尘浓度实施定期检测，使作业环境的粉尘浓度在国家标准规定的允许范围之内。

对除尘系统加强维护和管理，使除尘系统处于完好、有效的状态。

根据国家有关规定，对工人进行就业前的健康检查，对有职业禁忌证的职工、未成年人、女职工，不得安排其从事禁忌范围的工作。

加强防尘基本知识的宣传教育和普及。

相关链接

职业禁忌，是指劳动者从事特定职业或者接触特定职业病危害因素时，比一般职业人群更易于遭受职业危害损伤和罹患职业病，或者可能导致原有自身疾病的病情加重，或者在从事作业过程中诱发可能导致对他人生命健康构成危险的疾病的个人特殊生理或者病理状态。

（2）二级预防

二级预防措施主要包括：建立专人负责的防尘机构，制定防尘规划和各项规章制度；对新从事粉尘作业的职工，必须进行健康检查；对在职的从事粉尘作业的职工，必须定期进行健康检查，发现不宜从事接尘工作的职工，要及时调整工作岗位。

（3）三级预防

三级预防措施主要包括：对已确诊为尘肺病的职工，应及时调离原工作岗位，安排合理的治疗或疗养，其社会保险待遇按国家有关规定办理。

相关链接

《中华人民共和国职业病防治法》第三条规定，职业病防治工作坚持预防为主、防治结合的方针，建立用人单位负责、行政机关监管、行业自律、职工参与和社会监督的机制，实行分类管理、综合治理。

80. 刺激性气体的危害主要有哪些？

刺激性气体对人体的危害，临床上可分为急性和慢性两类。工业生产中以急性中毒较为常见。

（1）急性中毒

如眼及上呼吸道黏膜的刺激症状，喉部痉挛和水肿，化学性气管炎、支气管炎及肺炎，中毒性肺水肿，皮肤损害等，严重时可导致心、肾损害。

（2）慢性影响

长期接触低浓度的刺激性气体，可发生慢性结肠炎、鼻炎、支气管炎、牙齿酸蚀症，并可伴有神经衰弱综合征及消化道症状。有些刺激性气体还有致敏作用，如氯、二异氰酸甲苯酯可引起支气管哮喘，甲醛可致过敏性皮炎等。

相关链接

刺激性气体主要对呼吸道黏膜和肺组织产生刺激和灼烧作用，并引起一系列变化。其中，化学性肺水肿是对呼吸功能的严重损伤，发生中毒后现场抢救应注意预防和治疗肺水肿，防止继发性感染。

81. 窒息性气体的危害主要有哪些？如何预防？

窒息性气体是工农业生产中常见的有害气体，可分为单纯性气体和化学性气体两类。

单纯性气体（如氮气、甲烷、二氧化碳、水蒸气等）本身无毒性，但若它们在空气中含量高，会使氧的相对含量大大降低，随之动脉血氧分压下降，导致机体缺氧。化学性气体（如一氧化碳、氰化物、硫化氢等）能使氧的运送和组织用氧的功能发生障碍，造成全身组织缺氧。脑对缺氧最为敏感，所以窒息性气体中毒主要表现为中枢神经系统缺氧的一系列症状，如头晕、头痛、烦躁不安、定向力障碍、呕吐、嗜睡、昏迷、抽搐等。

针对窒息性气体对从业人员的危害，可采取下列措施进行预防：

（1）经常测定作业环境中窒息性气体浓度，维修管道防止漏气。

（2）产生窒息性气体的生产过程要密封并有通风设施。

（3）在较危险的区域安装自动报警仪。

（4）凡进入危险区工作时须戴防毒面具，操作后应立即离开，并适当休息。

（5）作业时最好多人同时工作，便于发生意外时自救、互救。

（6）加强安全教育，普及预防窒息性气体中毒和急救知识，一旦发现中毒者应立即将其移到新鲜空气处，并注意给中毒者保暖，尽快将其送到医院救治。

知识学习

窒息性气体中毒临床表现以中枢神经系统缺氧症状为主，其治疗关键在于纠正缺氧，给予高压氧治疗。此外，根据不同类型气体的致病性，宜选择相应的治疗物，如细胞色素 C、亚硝酸钠–硫代硫酸钠、美蓝等。

凡有明显神经系统疾病、心血管系统疾病、严重贫血者，妊娠妇女，未成年人和老人均不宜在有窒息性气体存在的作业环境中工作。

82. 生产性噪声的危害主要有哪些？如何控制？

噪声对人体的影响是全身性的、多方面的。噪声妨碍人们正常的工作和休息，在噪声环境中工作，容易感觉疲乏、烦躁，造成注意力不集中、反应迟钝、动作准确性降低，直接影响作业能力和效率。如电话交换台的噪声从 40 分贝提高到 50 分贝，操作错误率增加将近 50%。由于噪声掩盖了作业场所的危险信号或警报，往往造成工伤事故的发生。长期接触强烈噪声会对人体产生如下有害影响：

（1）听力系统长期接触噪声可导致听力系统的损伤。噪声作用初期，听阈可暂时性升高，听力下降，这是保护性反应；强噪声作用下，可导致永久性听力下降，内耳感音细胞遭损伤，引起噪声性耳聋；极强噪声可导致听力器官发生急性外伤，即爆震性耳聋。

（2）神经系统长期接触噪声可导致大脑皮层兴奋和抑制功能的平衡失调，出现头痛、头晕、心悸、耳鸣、疲劳、睡眠障碍、记忆力减退、情绪不稳定、易怒等。

（3）其他系统长期接触噪声可引起其他系统的应激反应，如可导致心血管系统疾病加重，引起肠胃功能紊乱等。

知识学习

根据物理学的观点，各种不同频率、不同强度的声音杂乱地、无规律地组合，形成波形、呈无规则变化的声音称为噪声，如机器的轰鸣等。从生理学的观点来看，凡是使人厌倦的、不需要的声音都是噪声。比如，对于正在睡觉或学习、思考问题的人来说，即使是音乐，也会使人感到厌烦而成为噪声。生产性噪声按其声音的来源一般可分为以下几种：

（1）机械性噪声。由于机器转动、摩擦、撞击而产生的噪声，如各种车床、纺织机、凿岩机、轧钢机、球磨机等机械所发出的声音。

（2）空气动力性噪声。由于气体体积突然发生变化引起压力突变或气体中有涡流，引起气体分子扰动而产生的噪声，如鼓风机、通风机、空气压缩机、燃气轮机等发出的声音。

（3）电磁性噪声。由于电机中交变力相互作用而产生的噪声，如发电机、变压器、电动机等发出的声音。

从卫生学角度，50~300 赫兹的低频噪声危害最小；300~2 000 赫兹的中频噪声危害中等；2 000~8 000 赫兹的高频噪声危害最大。

生产性噪声的控制措施分两类：一类是消除或降低声源的噪声，使其降低到噪声卫生标准；另一类是消除或减少噪声传播，从传播途径上控制噪声，主要是阻断和屏蔽声波的传播。

具体措施有：企业总体设计布局要合理，强噪声车间要与一般车间以及职工生活区分开；车间内强噪声设备与一般生产设备分开；利用屏蔽阻止噪声传播，如隔声罩、隔声板、隔声墙等隔离噪声源，强噪声作业场所要设置隔声屏；利用吸声材料装饰车间墙壁或悬挂在车间里，以吸收声能。

知识学习

预防噪声的卫生保健措施有以下几个方面：

（1）加强个人防护是防止噪声性耳聋简单易行的重要措施，个人劳动防护用品有防声耳罩、耳塞、帽盔。

（2）加强听力保护与健康监护，定期对劳动者进行健康检查，重点查听力，对高频听力下降超过15分贝者，应采取保护措施。就业前进行健康检查，以发现职业禁忌证，这是预防噪声危害的重要保护措施之一。

（3）合理安排劳动与休息，实行工间休息制度，休息时要离开噪声源。

（4）监测车间噪声，鉴定噪声控制措施的效果，监督噪声卫生标准执行情况。

83. 生产性振动的危害主要有哪些?

一般人体手部接触的振动都属于局部振动，局部振动能引起中枢及周围神经系统的功能改变，表现为条件反射受抑、条件反射潜伏期延长。生产性振动作用可使人体对振动的敏感性减弱或消失，痛觉与触觉也发生改变。振动对植物神经系统的作用表现为组织营养改变、手指毛细血管痉挛、指甲易碎等。

振幅大而又有冲击力的生产性振动，往往可引起骨、关节改变，主要表现有脱钙、部分骨硬化、内生骨疣、局限性骨质增生或变形性关节炎。

相关链接

振动病是长期接触生产性振动所引起的职业性危害，包括局部振动病和全身振动病。

局部振动病是由于局部肢体（主要为手）长期接受强烈振动而引起的以肢端血管痉挛、上肢周围神经末梢感觉障碍及骨关节骨质改变为主要表现的职业病。

全身振动除对前庭功能产生影响、出现协调性降低的表现之外，还可引起植物神经症状及内脏移位，对于孕妇可能导致流产。

知识学习

生产性振动的分类情况如下：

（1）按振动作用于人体的部位，分为局部振动和全身振动。

（2）按振动方向，分为垂直振动和水平振动。

（3）按振动的波形，分为正弦振动、复合周期振动、复合振动、随机振动、冲击振动和瞬变振动。

（4）按接触振动的方式，分为连续振动和间断接触振动。

（5）按振动频率分类，1 赫兹以下的振动为全身振动，可以引起运动病；1~100 赫兹的振动既可以引起全身振动，也可以引起局部振动；而 500~1 000 赫兹的振动，则以局部振动作用为主，可引起局部振动病。

84. 生产性振动危害的防护措施有哪些？

预防振动的危害应从工艺改革入手：在可能的条件下，以液压、焊接、粘接等新工艺代替铆接；改进风动工具，采用减振装置，设计自动或半自动式操纵装置，减少手及肢体直接接触振动体；工具把手设缓冲装置；改进压缩空气的出口方位，防止工人受冷风吹袭。

接触振动作业人员应发放双层衬垫无指手套或衬垫泡沫塑料的无指手套，以减振保暖。

建立合理的劳动制度，根据接触振动的强度和频率，建立工间休息及定期轮换制度，并限定日接触振动的时间。

此外，就业前和工作后定期进行体检对及时发现和处理受振动伤害的作业人员也很重要。

相关链接

防止振动对人体危害的常规措施是对工艺进行改革、改善工人的工作环境、缩短每日接触振动的时间和定期检查。

85. 高温作业对人体的影响主要有哪些？

（1）会使体表丧失散热作用，造成体温调节紊乱。

（2）对水和电解质平衡与代谢产生影响，大量出汗会使体内各种物质流失严重。

（3）对人体循环系统的不利影响。高温作业造成皮肤血管扩张，大量血液流向体表，使体内温度容易向外发散。

（4）对消化系统的不利影响。高温作业时，胃肠道活动出现抑制反应，消化液分泌减弱，胃液酸度降低。

（5）对神经系统影响严重。高温作业易使作业人员的注意力、肌肉工作能力、动作准确性和协调性以及反应速度降低，极易造成工伤事故。

（6）会使尿液浓缩，增加肾功能负担，对泌尿系统影响严重。

相关链接

中暑按发病机理可分为热射病、日射病、热衰竭和热痉挛四种类型。

86. 高温危害的控制措施有哪些?

从改进生产工艺过程入手，采用先进技术，实行机械化和自动化生产，从根本上改善劳动条件，减少或避免作业人员在高温或强热辐射环境下劳动，同时也减轻劳动强度。例如，冶金车间的自动投料、自动出渣运渣，制砖场的自动生产线等。

在进行工艺设计时，应设法将热源合理布置，将其放在车间外面或远离作业人员操作地点。对于采用热压为主的自然通风，热源应布置在天窗下面。采用穿堂风通风的厂房，应将热源放在主导风的下风侧，使进入厂房的空气先经过工人的操作地带，然后经过热源位置排出。

隔热是减少热辐射的一种简便有效方法。对于现有设备中不能移动的热源和工艺要求不能远离操作带的热源，应设法采用隔热措施。如利用流动水吸走热量是吸收炉口辐射热较理想的方法，可采用循环水炉门、瀑布水幕、水箱、钢板流水等；也可利用导热系数小、导热性能差的材料，如炉渣、草灰、硅藻土、石棉、玻璃纤维等，制成隔热板或直接包裹在炉壁和管道外侧，达到隔热的目的。缺乏水源的工厂以及小型企业和乡镇企业，更适合采用后一种隔热方式。

通风是改善作业环境最常用的方法，常见的有自然通风和机械通风两种方式。自然通风是利用车间内外的热压和风压，使室内外空气进行交换，但是高温车间仅靠这种方式是不够的。在散热量大、热源分散的高温车间，一小时内需换气30~50次，才能

使余热及时排出。因此，必须把进风口和排风口安排得十分合理，使其发挥最大的效能。

87. 射频辐射的危害主要有哪些?

强度较大的无线电波对人体的主要作用是引起中枢神经和植物神经系统的功能障碍，主要症状为神经衰弱综合征，以头昏、乏力、睡眠障碍、记忆力减退最常见。

长时间受较强射频辐射伤害的典型症状是植物神经功能紊乱，如心搏过缓、血压下降，但在大强度影响的后阶段，有的则相反出现心搏过速、血压波动及高血压现象，常有月经周期紊乱、性欲减退的临床主诉，但未见影响生育功能。微波接触者除有长时间的神经衰弱外，还有脑电图慢波显著增加、周围血常规检查白细胞总数暂时下降的症状。

长期接触大强度微波的人员，会出现晶状体点状或小片状混浊，甚至白内障的症状，一般认为微波能加速晶状体老化过程。

知识学习

射频辐射也称无线电波，是指波长范围为 1 毫米 ~3 千米的电磁波，包括高频电磁场和微波。高频电磁场按波长可分为长波、中波、短波和超短波；微波分为分米波、厘米波和毫米波，波长均小于 1 米，其强度以功率密度来表示。

相关链接

接触射频辐射的作业主要有：高频感应加热，使用频率多为 30~100 千赫，如高频热处理、焊接、冶炼，半导体材料加工等；高频介质加热，使用频率一般在 10~30 兆赫，如塑料制品热合，木材、棉纱、纸张、食品烘干等。频率在 3~300 千兆赫的微波主要用于雷达导航、探测、通信、电视及核物理研究等。微波加热应用近年来发展较快，主要用于食品加工、医学理疗、家庭烹调及木材纸张、药材、皮革的干燥等。

88. 紫外线的危害主要有哪些？如何预防？

紫外线照射皮肤时，可引起血管扩张，出现红斑，过量照射可产生弥漫性红斑，并可形成小水疱和水肿，长期照射可使皮肤干燥、失去弹性和老化。紫外线与煤焦油、沥青、石蜡等同时作用于皮肤时，可引起光感性皮炎。

紫外线照射眼睛时，可引起急性角膜炎，常因电弧光如电焊引起，故称为电光性眼炎。

预防紫外线危害的措施主要有：采用自动或半自动焊接作业，增大人体与辐射源的距离；电焊工及其助手必须佩戴专用的防护面罩或眼镜及适宜的防护手套，不得有裸露的皮肤；电焊工操作时应使用移动屏幕围住作业区，以免其他工作人员受到紫外线照射；电焊时产生的有害气体和烟尘，应采用局部排风措施加以排除。

相关链接

电焊工工作时除要戴护目眼镜外，还应戴口罩、面罩，穿戴好防护手套、脚盖、帆布工作服。

89. 金属烟热的危害如何预防？

金属烟热是急性职业病，是吸入金属加热过程中释放出的大量新生成的金属氧化物粒子引起的一种以典型性骤起体温升高和血液白细胞数增多等为主要表现的全身性疾病。多为在通风不良的环境中作业，吸入过多的金属氧化物烟尘所致，以氧化锌烟雾引起者最多见，锡、银、铁、镉、铅、砷、锑、铍、镁、铊或锰等氧化物烟雾亦可引起本病。临床表现为流感样发热，有发冷、发热以及呼吸系统症状。

金属烟热的主要预防措施有：

（1）在冶炼、铸造作业时应尽量密闭化生产，加强通风以防止金属烟尘和有害气体逸出，并对逸出物回收加以利用。

（2）在通风不良的场所进行焊接、切割时，应加强通风，操作者应戴送风面罩或防尘面罩，并缩短工作时间。

知识学习

各种重金属烟均可产生金属烟热。金属加热刚超过其沸点时，释放出高能量的直径 0.2~1 微米的粒子，如氧化锌烟深入呼吸道深部，大量接触肺泡可引起金属烟热。吸入大量细小的金属尘粒也可发病。能引起金属烟热的金属有锌、铜、镁等，特别是氧化锌。铬、锑、砷、铁、铅、锰、汞、镍、硒、银、锡等也可引起，但较少见。锌的熔点和沸点较低，金属在高温下首先逸出大量锌蒸气，在空气中氧化为氧化烟而致病。生产环境空气中氧化锌浓度大于每立方米 15 毫克时，常有金属烟热发生。

第7章 机械加工工伤现场急救知识

90. 现场急救应遵循哪些基本原则?

现场急救是指针对劳动生产过程中和工作场所发生的各种意外伤害事故、急性中毒、外伤和突发危重病等情况，在没有医务人员时，为了防止伤病情恶化，减少伤病员痛苦和预防休克等所应采取的初步紧急救护措施，又称院前急救。

现场急救总的任务是采取及时有效的急救措施和技术，最大限度地减少伤病员的痛苦，降低致残率，减少死亡率，为医院抢救打好基础。现场急救应遵循的原则如下：

（1）先复后固的原则。遇有心跳、呼吸骤停又有骨折者时，应先用口对口人工呼吸和胸外心脏按压等技术使心、肺、脑复苏，直至心跳、呼吸恢复后，再进行骨折固定。

（2）先止血后包扎的原则。遇有大出血又有创口者时，应立即用指压、止血带或药物等方法止血，接着再消毒，并对创口进行包扎。

（3）先重后轻的原则。遇有垂危的和较轻的伤病员时，应优先抢救危重者，后抢救较轻的伤病员。

（4）先救后运的原则。发现伤病员时，应先急救后运送。在送伤病员到医院途中，不要停止抢救，继续观察病、伤变化，少颠簸，注意保暖，平安抵达最近医院。

（5）急救与呼救并重的原则。在遇有成批伤病员且现场还有其他参与急救的人员时，要紧张而镇定地分工合作，急救和呼救可同时进行，以较快地争取救援。

（6）搬运与急救一致性的原则。在运送危重伤病员时，应与急救工作步骤一致，争取时间，在途中应继续进行急救工作，减少伤病员的痛苦和死亡，安全到达医院。

专家提示

（1）避免直接接触伤病员的体液。

（2）使用防护手套，并用防水胶布贴住自己损伤的皮肤。

（3）急救前和急救后都要洗手。眼、口、鼻或者任何皮肤损伤处一旦溅有伤病员的血液，应尽快用肥皂水清洗，并去医院。

（4）进行口对口人工呼吸时，尽量使用人工呼吸面罩。

91. 如何对现场伤员进行分类?

有的灾害发生后，伤员数量大，伤情复杂，危重伤员多。急救和运送常出现四大尖锐矛盾：急救技术力量不足与伤员需要抢救的矛盾；急救物资短缺与需要量大的矛盾；重伤员与轻伤员都需要急救的矛盾；轻伤员与重伤员都需要运送的矛盾。解决这些矛盾的办法就是对伤员进行分类。伤员分类是现场急救工作的重要组成部分，做好伤员分类工作，可以保证充分地发挥人力、物力的作用，使需要急救的轻、重伤员各取所需，使急救和运送工作有条不紊地进行。

现场伤员分类的重要意义集中在一个目标，即提高效率。将现场有限的人力、物力和时间，用在抢救有存活希望者的身上，提高伤、病员的存活率，降低死亡率。

（1）现场伤员分类的要求如下：

1）分类工作是在特别困难和紧急的情况下进行，要一边抢救一边分类。

2）分类应由经过训练、经验丰富、有组织能力的技术人员承担。

3）分类应依先危后重、再轻后小（伤势小）的原则进行。

4）分类应快速、准确、无误。

（2）现场伤员分类是以决定优先急救对象为前提的，主要根据伤情来判定。

1）呼吸是否停止。用看、听、感来判定。

看：通过观察胸廓的起伏，或用棉花、羽毛贴在伤员的鼻翼上，看是否摆动。如吸气胸廓上提、呼气下降，或棉花、羽毛有摆动，即呼吸未停；反之，即呼吸已停。

听：侧头用耳尽量接近伤病员的鼻部，去听是否有气体交换。

感：在听的同时，用脸感觉有无气流呼出。如果听到有气体交换或感觉有气流呼出，说明尚有呼吸。

2）脉搏是否停止。用触、看、摸、量来检查。

触：触桡动脉有无脉搏跳动，感受其强弱。

看：看头部、胸腹、脊柱、四肢，是否有内脏损伤、大出血、骨折等，都是重点判定项目。

摸：摸颈动脉有无搏动及其强弱。

量：量收缩压是否小于 12 千帕（90 毫米汞柱）。

判定一位伤员只能在 1~2 分钟内完成。通过以上方法对伤员简单地分类，便于采取有针对性的急救措施。

92. 机械伤害的应急处置与救治措施主要有哪些?

机械制造企业最为常见的事故是机械伤害，发生人员伤害后，一定要沉着冷静，不要慌乱。

（1）发生事故后的应急处置与救治。伤害事故发生后，要立即停止现场活动，将伤员放置于平坦的地方，现场有救护经验的人员应立即对伤员的伤势进行检查，然后有针对性地进行紧急救护。

在进行上述现场处理后，应根据伤员的伤情和现场条件迅速运送伤员。运送伤员非常重要，如果搬运不当，可能使伤情加重，严重时还可能造成神经、血管损伤甚至瘫痪，以后将难以治愈，给伤员带来终身的痛苦，所以运送伤员时要十分注意。如果伤员伤势不重，可采用背、抱、扶的方法将伤员运走。如果伤员伤势较重，有大腿或脊柱骨折、大出血或休克等情况，就不能用以上方法运送伤员，一定要把伤员小心地放在担架或木板上抬送。把伤员放置在担架上运送时动作要平稳，上、下坡或楼梯时，担架要保持平衡，不能一头高、一头低。伤员应头在后，这样便于观察伤员情况。当事故现场没有担架时，可以用椅子、长凳、衣服、竹子、绳子、被单、门板等制成简易担架使用。对于脊柱骨折的伤员，一定要用硬木板做的担架抬送。将伤员放在担架上，让其平卧，腰部垫一件衣服，然后把伤员固定在木板上，以免伤员在运送过程中滚动或跌落，造成脊柱移位或扭转，刺激血管和神经，导致下肢瘫痪。

现场应急总指挥应立即联系救护中心，要求紧急救护并向上级报告，保护事故现场。

（2）现场创伤止血的应急救护。当伤员一次出血量达全身血量的 1/3 以上时，生命就有危险。因此，及时止血是非常重要的。可用现场物品如毛巾、纱布、工作服等立即采取止血措施。如果创伤部位有异物但不在重要器官附近，可以拔出异物，处理好伤口；如无把握就不要随便将异物拔掉，应由医务人员来检查、处理，以免伤及内脏及较大血管，造成大出血。

（3）现场骨折的应急救护。对骨折处理的基本原则是尽量不让骨折肢体活动。因此，要利用一切可利用的条件，及时、正确地对骨折部位进行临时固定，其目的是避免骨折断端在搬运时损伤周围的血管、神经、肌肉或内脏；减轻疼痛，防止休克；便于运送到医院进行彻底治疗。临时固定的材料有夹板和敷料，夹板以木板最好，紧急情况下也可用木棍、竹篦等代替；敷料为棉花、纱布或毛巾，用作夹板的衬垫。缠夹板可用绷带、三角巾或绳子。

若上肢骨折，应将上肢挪到胸前，固定在躯干上；若下肢骨折，最好将两下肢固定在一起，且应超过骨折的上下关节，或将断肢捆绑、固定在担架、门板上；脊骨骨折时，不需要做任何固定，但搬运方法十分重要，搬运时最好用担架、门板等，也可用木棍和衣服、毯子等做成简易担架，让伤员仰躺。无担架、木板需众人用手搬运时，救护人员必须有一人双手托住伤员腰部，切不可单独一人用拉、拽的方法抢救伤员。如果操作不当，即使是单纯的骨折，也可导致继发性脊髓损伤，造成瘫痪；对已有脊髓损伤的伤员，会增加损伤程度，尤其是高位的脊柱骨折，如果搬运不当，甚至可能立即致命。

在抢救伤员时，不论哪种情况，都应减少途中的颠簸，也不得随意翻动伤员。

93. 常用止血法有哪几种？基本要领是什么？

常用的止血方法主要有压迫止血法、止血带止血法、加压包扎止血法和加垫屈肢止血法等。

（1）压迫止血法。该法适用于头、颈、四肢动脉大血管出血的临时止血。当伤员流血以后，只要立刻用手指或手掌用力压紧伤口附近靠近心脏一端的动脉跳动处，并把血管压紧在骨头上，就能很快起到临时止血的效果。例如，头部前面出血时，可在耳前对着下颌关节点压迫颞动脉；颈部动脉出血时，要压迫颈总动脉，此时可用手指按在一侧颈根部，向中间的颈椎横突压迫，但禁止同时压迫两侧的颈动脉，以免引起大脑缺氧而昏迷。

（2）止血带止血法。该法适用于四肢大出血的止血。具体方法是用止血带（一般用橡皮管、橡皮带）绕肢体绑扎打结固定。上肢受伤可扎在上臂上部 1/3 处，下肢受伤扎于大腿的中部。若现场没有止血带，也可以用纱布、毛巾、布带等环绕肢体打结，在结内穿一根短棍，转动此棍使纱布等绞紧，直到不流血为止。在绑扎和绞止血带时，不要过紧或过松。过紧会造成皮肤或神经损伤，过松则起不到止血的作用。

（3）加压包扎止血法。该法适用于小血管和毛细血管的止血。先用消毒纱布或干净毛巾敷在伤口上，再垫上棉花，然后用绷带紧紧包扎，以达到止血的目的。若伤肢有骨折，还要另加夹板固定。

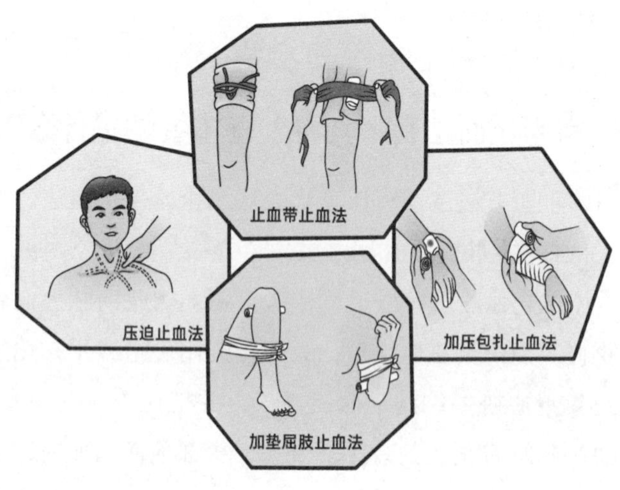

（4）加垫屈肢止血法。该法多用于小臂和小腿的止血。它利用肘关节或膝关节的弯曲功能压迫血管，以达到止血的目的。具体方法是在肘窝或腋窝内放入棉垫或布垫，然后使关节弯曲到最大限度，再用绷带把前臂与上臂（或小腿与大腿）固定。

94. 常用包扎法有哪几种？基本要领是什么？

伤员经过止血后，要立即用急救包、纱布、绷带或毛巾等将受伤部位包扎起来。常用的包扎材料有绷带、三角巾、四头带及其他临时替代用品（如干净的手帕、毛巾、衣物、腰带、领带等）。绷带包扎一般用于受伤的肢体和关节，可用来固定敷料或夹板和加压止血等。三角巾包扎主要用于包扎、悬吊受伤肢体，固定敷料，固定骨折处等。常用包扎法如下：

（1）头顶包扎法。外伤在头顶部时可用此法。把三角巾底边折叠两指宽，中央放在前额，顶角拉向后脑，两底角拉紧，经两耳上方绕到头的后枕部，压着顶角，再交叉返回前额打结。如果没有三角巾，也可改用毛巾。先将毛巾横盖在头顶上，前两角反折后拉到后脑打结，后两角各系一根布带，左右交叉后绕到前额打结。

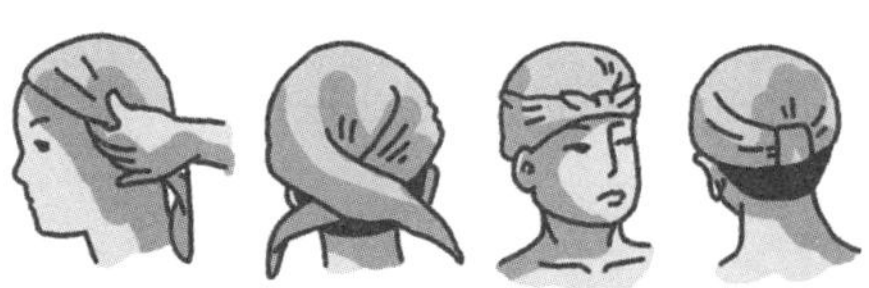

（2）单眼包扎法。如果眼部受伤，可将三角巾折成四指宽的带形，斜盖在受伤的眼睛上。三角巾长度的 1/3 向上，2/3 向下。

下部的一端从耳下绕到后脑，再从另一只耳上绕到前额，压住眼上部的一端，然后将上部的一端向外翻转，向脑后拉紧，与另一端打结。

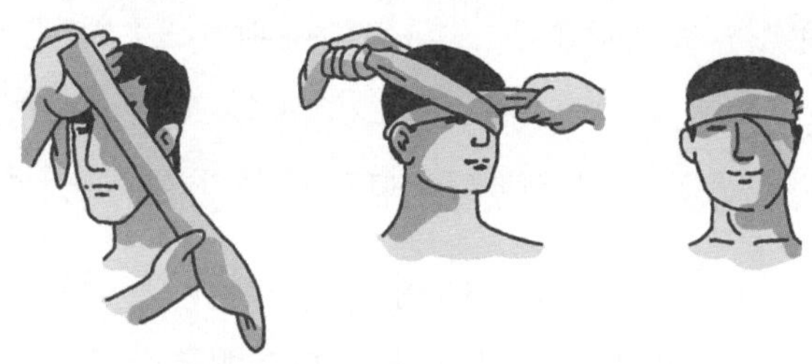

（3）三角形上肢包扎法。如果上肢受伤，可把三角巾的一底角打结后套在受伤的那只手臂的手指上，把另一底角拉到对侧肩上，用顶角缠绕伤臂，并用顶角上的小布带包扎。然后将受伤的前臂弯曲到胸前，呈近直角形，最后把两底角打结。

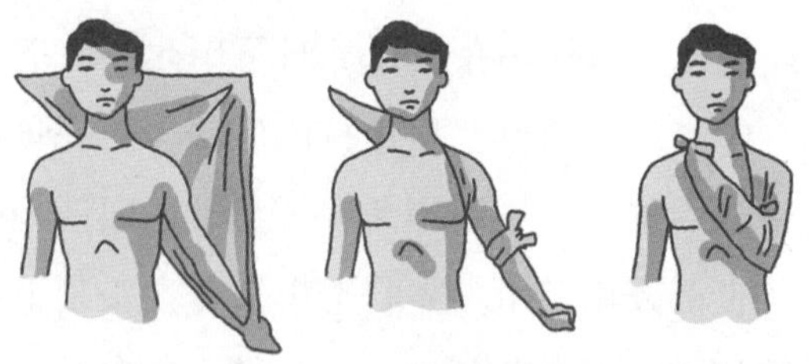

（4）膝（肘）带式包扎法。根据伤肢的受伤情况，把三角巾折成适当宽度，呈带状，然后把它的中段斜放在膝（肘）的伤处，两端拉向膝（肘）后交叉，再缠绕到膝（肘）前外侧打结固定。

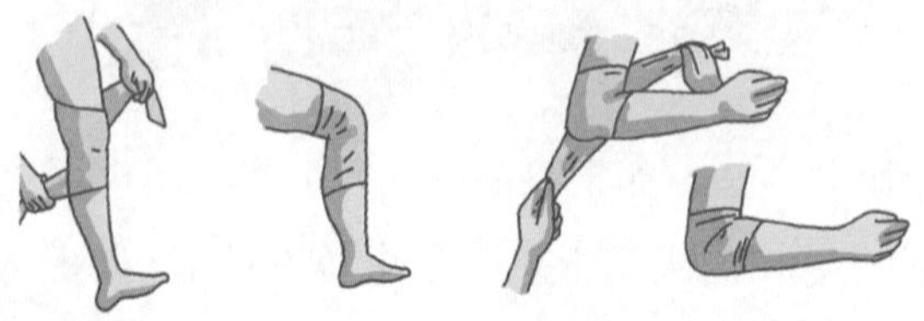

95. 骨折固定应注意哪些事项?

（1）要注意伤口和全身状况。如果伤口出血，应先止血，再包扎固定；如果出现休克或呼吸、心跳骤停，应立即进行抢救。

（2）在处理开放性骨折时，局部要做清洁消毒处理，用纱布将伤口包好。严禁把暴露在伤口外的骨折断端推送回伤口内，以免造成伤口污染和再度刺伤血管与神经。

（3）对于大腿、小腿、脊椎骨折的伤员，一般应就地固定，不要随便移动伤员，不要盲目复位，以免加重损伤程度。如果上肢受伤，可将伤肢固定于躯干；如果下肢受伤，可将伤肢固定于另一健肢。

（4）骨折固定所用的夹板长度与宽度要与骨折肢体相称，其长度一般以超过骨折处上下两个关节为宜。

（5）固定用的夹板不应直接接触皮肤。在固定时可将纱布、三角巾、毛巾、衣物等软材料垫在夹板和肢体之间，特别是夹板两端、关节骨头突起部位和间隙部位，可适当加厚垫，以免引起皮肤磨损或局部组织压迫坏死。

（6）固定、捆绑的松紧度要适宜，过松达不到固定的目的，过紧影响血液循环，导致肢体坏死。固定四肢时，要将指（趾）端露出，以便随时观察肢体血液循环情况。如果出现指（趾）苍白、发冷、麻木、疼痛、肿胀、甲床青紫等症状，说明固定、捆绑过紧，血液循环不畅，应立即松开，重新包扎固定。

（7）对四肢骨折固定时，应先捆绑骨折端处的上端，后捆绑骨折端处的下端。如捆绑次序颠倒，则会导致再度错位。上肢固定时，肢体要屈着绑（屈肘状）；下肢固定时，肢体要伸直绑。

96. 起重伤害的急救措施有哪些?

在进行较大、较复杂工件的加工，以及热加工物料的运送时，往往需要用到起重机械。如果操作人员安全意识不强，没有按照安全操作规程进行作业，就很可能发生起重事故。

起重伤害发生后，需要立即采取以下急救措施：

（1）发现有人受伤后，必须立即停止起重作业，向周围人员呼救，同时通知现场急救中心，及时拨打“120”等急救电话。报警时，应说明伤员的受伤部位和受伤情况、发生事故的区域或场所，以便救护人员事先做好急救的准备。

（2）组织进行急救的同时，应立即上报安全生产应急领导小组，启动应急预案和现场处置方案，最大限度地减少人员伤害和财产损失。

（3）现场医务人员采取现场包扎、止血等措施，防止伤员流血过多造成死亡事故。对创伤出血者，迅速止血、包扎，送往医院救治。

（4）发生断手、断指等严重情况时，对伤员伤口要进行止血、包扎、止痛，进行半握拳状的功能固定。对断手、断指应用消毒或清洁敷料包扎，忌将断指浸入酒精等消毒液中，以防细胞变质。将包好的断手、断指放在无泄漏的塑料袋内，扎紧袋口，在袋周围放好冰块，或用冰棍代替，速随伤员送医院抢救。

（5）伤员出现肢体骨折时，应尽量保持受伤的体位，由现场医务人员对伤肢进行固定，并在其指导下采用正确的方式进行抬运，防止因救助方法不当导致伤情进一步加重。

（6）伤员出现呼吸、心跳停止症状后，必须立即进行胸外心脏按压或人工呼吸。

（7）在做好事故紧急救助的同时，应注意保护事故现场，对相关信息和证据进行收集和整理，配合上级和当地政府部门做好事故调查工作。

97. 热烧伤的急救措施有哪些?

火焰、开水、蒸汽、热液体或固体直接接触人体引起的烧伤都属于热烧伤。在机械加工过程中，铸造、锻造、热处理、焊接等热加工工艺都可能造成热烧伤事故；金属切削过程中产生的高温切屑也可能导致操作人员被灼伤、烫伤。热烧伤的急救措施包括：

（1）轻度烧伤尤其是不严重的肢体烧伤，应立即用清水冲洗或将伤肢浸泡在冷水中10~20分钟；如不方便浸泡，可用湿毛巾或布单盖在伤部，然后浇冷水，以使伤口尽快冷却降温，减轻损伤。穿着衣服的部位如果烧伤严重，不要先脱衣服，否则易把烧伤处的水疱、皮肤一同撕脱，造成伤口创面暴露，增加感染机会；应立即朝衣服上面浇冷水，待衣服局部温度快速下降后，再轻轻脱去衣服或用剪刀剪开后褪去衣服。

（2）若烧伤处已有水疱形成，对于小水疱，不要随便弄破；对于大水疱，应到医院处理或用消过毒的针刺小孔排出疱内液体，以免影响创面修复，增加感染机会。

（3）烧伤创面一般不做特殊处理，不要在创面上涂抹任何有刺激性的液体、不清洁的粉或油剂，只需保持创面及周围清洁即可。较大面积烧伤用清水冲洗清洁后，最好用干净纱布或布单覆盖创面，并尽快送往医院治疗。

（4）火灾引起烧伤时，应立即脱去伤员着火的衣服；如果一时难以脱下来，可让伤员卧倒在地滚压灭火，或用水浇灭火焰。切勿带火奔跑或用手拍打，否则可能使得火借风势越烧越旺，将手烧伤。也不可在火场大声呼喊，以免导致呼吸道烧伤。要用湿毛巾捂住口鼻，以防吸入烟雾导致窒息或中毒。

98. 眼外伤的急救措施有哪些?

机械加工过程中，金属切削产生的切屑、飞出的工件和生产工具，热加工产生的火花和焊接飞溅的电火花等，都可能造成操作人员的眼部受伤。处理眼外伤的急救措施包括：

（1）轻度眼伤。如眼进异物，可让现场同伴翻开眼皮用干净的手绢、纱布将异物拨出。如眼中溅入化学物质，要及时用水冲洗。

（2）重度眼伤。可让伤员仰躺，救护人员设法支撑其头部，并尽可能使其保持静止不动，千万不要试图拨出进入眼中的异物。

（3）见到眼球鼓出或从眼球脱出东西，不可把其推回眼内，这样做十分危险，可能会把能恢复的伤眼弄坏。

（4）立即用消毒纱布轻轻盖住伤眼，如果没有纱布，可用刚

洗过的干净毛巾覆盖，再缠上布条，缠时不可用力，以不压及伤眼为原则。

做完上述处理后，立即送医院做进一步的治疗。

99. 触电事故的急救措施有哪些?

触电事故最频发的机械加工工艺是焊接，其他机械加工过程也伴随着操作人员触电的风险。当触电事故发生后，急救的首要任务是立即使触电者脱离电源或其他带电体。

（1）低压触电急救措施

1）应迅速关闭电源开关或拔掉插头。

2）如果电源开关或插头离触电地点很远，应迅速用绝缘性良好的电工钳或带有干燥木柄的斧头、铁锨等利器切断电源线，并妥善处理带电的导线接头，防止带电导线触及其他人。

3）如果导线搭落在触电者身上或压在身下，可用干燥的木棒、竹竿等迅速将导线拨离触电者，或用干燥的绝缘绳索拉开触电者，使其脱离电源。

4）如果触电者由于触电痉挛，手指紧握导线或导线缠绕在身上时，可用干燥的橡胶把手钳切断电线；也可用干燥的木板等绝缘物塞到触电者身下，使其与地绝缘而隔断电源，然后再采用其他方法切断电源。

（2）高压触电急救措施

1）立即通知有关部门停电。

2）戴上绝缘手套，穿上绝缘靴，采用相应电压等级的绝缘工具关闭开关或切断电源。

3）抛掷或搭挂金属线使线路短路接地，迫使保护装置启动，断开电源。但须注意，金属线的一端应先可靠接地后才可抛掷另一端，并且不可触及触电者或其他人。

上述使触电者脱离电源的方法，应根据具体情况，以迅速、安全可靠为原则采取相应措施，同时要注意以下事项：

一是防止触电者脱离电源后摔伤，特别是在触电者登高作业的情况下，应采取防摔措施。

二是夜间发生触电事故时，应迅速采取照明措施，以利于抢救工作顺利进行。

三是救护人员在任何情况下都不可直接用手或其他金属、潮湿物作为救护工具，而须使用适当的绝缘工具。救护人员最好用单手操作，以免自己触电。

100. 电击伤的急救措施有哪些?

切断总电源是电击伤急救的最可靠方法。总电源切断后，所接触的电器、电线不再带电，在场人员和医务人员不再有触电的危险，但要电源开关在现场附近时才可采用这一方法，否则会耽误时间，增加伤者的危险。

应迅速使伤者脱离电源。注意，应利用现场附近的一切绝缘物去挑开或分离电器、电线。切不可用手去拉触电者，以免救护者触电。绝缘物可用木棍、竹竿、扁担、玻璃器皿、塑料制品、橡胶制品、瓷器及干燥麻袋、棉衣、皮带、绳子等。

针对主要症状，立即对伤员进行抢救。

（1）对神志清醒，伴有乏力、心慌、全身疲乏等症状的伤员，应躺下休息，并进行密切观察。

（2）触电后，伤员常显“假死”状态。对于昏迷、心脏停跳、瞳孔散大、呼吸停止的伤员，不能认为已经死亡而不予抢救。要区别不同情况立即予以救治。

1）对于呼吸停止、心跳存在的伤员，要应用人工呼吸法，有条件的可以给氧气吸入，呼吸频率保持每分钟 12 次左右。

2）对于心跳停止、呼吸存在的伤员，主要进行体外心脏按压，辅以人工呼吸。心脏按压必须不间断地进行，每分钟操作 60 次左右，即使在运送医院途中也不要中断，直至触电人起死回生或确实已经无效（如身体僵硬、出现尸斑等），方可停止。

3）如果伤员呼吸、心跳均停止，则同时进行人工呼吸与心脏

按压。

4）呼吸、心跳停止者，除上述抢救外，还可进行针灸治疗。具体方法是：可针刺人中、合谷、涌泉、十宣等穴，激发呼吸并增加通气量；可针刺人中、内关、足三里及十宜等穴，激发心跳，维持血压。

（3）局部灼伤处理。电击引起的灼伤与一般灼伤的处理原则相同，其基本要求是：立即使伤员脱离灼伤现场，解除呼吸道梗阻，保护创面不再受污染或损伤，预防休克并根据具体情况送医疗单位。

101. 中毒、窒息事故的急救措施有哪些?

铸造、锻造、热处理、焊接等热处理工艺都会产生大量的有毒有害气体和二氧化碳等窒息性气体，如果操作人员未按规定做好个人安全防护，很可能遭遇中毒和窒息事故。当中毒、窒息事故发生后，应立即采取以下急救措施：

（1）迅速把中毒者转移到有新鲜风流的地方，静卧保暖。特别需要注意的是，抢救人员进入危险区必须戴上防毒面具、自救器等防护用品，必要时也给中毒者戴上。

（2）如果是一氧化碳中毒，中毒者还没有停止呼吸或呼吸虽已停止但心脏还在跳动，在清除中毒者口腔和鼻腔内的杂物使其呼吸道保持畅通后，立即进行人工呼吸。若心脏跳动也停止了，应迅速进行心脏胸外挤压急救，同时进行人工呼吸。

（3）如果是硫化氢中毒，在进行人工呼吸之前，要用浸透食盐溶液的棉花或手帕盖在中毒者的口鼻上。

（4）如果是因瓦斯或二氧化碳窒息，情况不太严重时，只要把窒息者转移到空气新鲜的场地稍作休息，就会苏醒；假如窒息时间比较长，就要进行人工呼吸抢救。

（5）在救护中，急救人员一定要沉着，动作要迅速，在进行急救的同时，应通知医生到现场进行救治。

专家提示

一氧化碳、二氧化碳、二氧化硫、硫化氢等超过允许浓度时，均能使人吸入后中毒。发生中毒、窒息事故后，救援人员千万不要贸然进入现场施救，首先要做好自身防护措施，避免成为新的受害者。